广东省教育厅继续教育质量提升工程项目（传非遗品时尚——传统手工艺与时尚设计优质资源进社区，编号：（JXJYGC2021JY0515）；教育部人文社科艺术学项目（中国传统纹样在文化创意产业中的应用研究，编号：20YJA760030）；广东省教育厅质量工程项目（高职院校服装与服饰设计专业项目化课程教学模式研究，粤教职函(2018)194号）；东莞市科学技术局科技特派员项目（乡村振兴战略下大朗镇巷头村毛衫品牌形象设计及推广研究）；大朗毛织服装产业学院成果。

从传统到时尚：
当代服装设计艺术研究

亓晓丽　著

天津出版传媒集团
天津科学技术出版社

图书在版编目(CIP)数据

从传统到时尚：当代服装设计艺术研究 / 亓晓丽著
. -- 天津：天津科学技术出版社, 2023.3
ISBN 978-7-5742-0919-0

Ⅰ. ①从… Ⅱ. ①亓… Ⅲ. ①服装设计 – 研究 Ⅳ.
①TS941.2

中国国家版本馆CIP数据核字(2023)第041630号

从传统到时尚：当代服装设计艺术研究
CONG CHUANTONG DAO SHISHANG : DANGDAI
FUZHUANG SHEJI YISHU YANJIU

责任编辑：宋佳霖
责任印制：兰　毅
出　　版：天津出版传媒集团
　　　　　天津科学技术出版社
地　　址：天津市西康路35号
邮　　编：300051
电　　话：(022) 23332490
网　　址：www.tjkjcbs.com.cn
发　　行：新华书店经销
印　　刷：定州启航印刷有限公司

开本 710 × 1000　1/16　印张　13.75　字数　209 000
2023年3月第1版第1次印刷
定价：88.00元

前言

服装是一种社会文化形态，服装设计是着意于这种文化形态的设计。随着时代的发展、科技的进步，人们对服装的要求越来越高，服装不仅要具备功能特点，还要能满足人们的审美需求。为了更好地引导服装设计专业的学生和服装设计爱好者由浅入深地学习，本书围绕服装设计做了充分的讲解，其中包括中西方服装发展、服装设计风格、灵感来源及创意表达等。

服装设计与其他造型艺术一样，受到了社会经济、文化艺术、科学技术的制约和影响，在不同的历史时期有着不同的精神风貌、客观的审美标准以及鲜明的时代属性。不断创新是当代服装设计转型升级的重点，也是提升设计附加值、增强服装品牌市场竞争力的关键。因此，服装设计在具有敏锐时尚触觉的同时，还应具备创新设计理念。随着人类社会分工、审美需求的不断深化，服装的功能越来越规范化和科学化，因而，掌握不同类别服装的设计方法十分重要的。

本书主要内容包括服装设计概述、服装设计风格与设计思维、“古典”服装设计风格的创意表达、“新潮”服装设计风格的创意表达、“现代”服装设计风格的创意表达、传统服饰文化对当代服装设计的影响及传承、当代服装设计理念分析及创新应用七部分。系统地涵盖了服装设计的方方面面，对有志于服装设计的读者来说有着一定的参考价值，同时帮助其突破传统框架的限制，提高创新思维和设计表现能力。本书在创作过程中参考了大量参考文献，在此对其作者表示诚挚的感谢。由于笔者水平有限，书中难免存在不足之处，望广大读者批评指教！

目 录

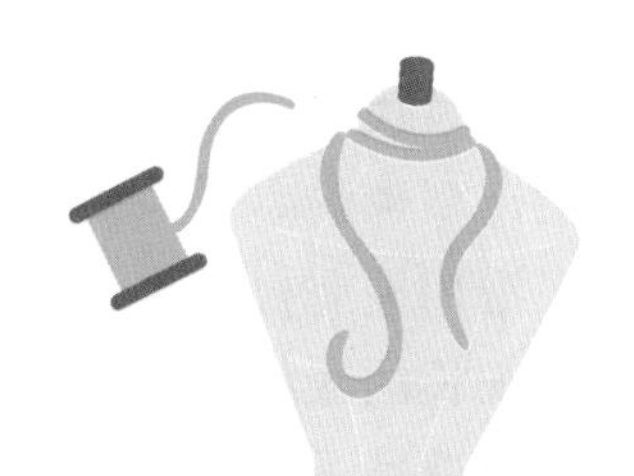

第一章　服装设计概述

第一节　中西方服装的起源及发展史

一、服装的起源

在旧石器时代晚期，人类开始有了衣服。服装在其长期演变与发展的过程中，也有着与生物进化相类似的规律。

服装的进化亦由最原始最简陋的饰物开始，如项链、手镯、脚镯、发带、腰绳等，接着在腰绳上挂上一些草叶、树皮或其他有机物做成的装饰物予以充实、丰富，逐步形成腰蓑式的围裙。原始的服装就是以人的腰部为中心逐步扩大至身体其他部位及至全身，形成完整的人体着装。在旧石器时代，人们普遍使用兽皮毛作为服装的面料，既能包裹身体，又柔软舒适且较耐用。例如，已发现的在德国杜塞尔多夫城附近尼安德特河谷洞穴里的尼安德特人遗址上，人们把熊烟熏出洞后用熊皮做成人类的第一件服装。这服装起初实际上就是一整块未经切割的随机形状的不规则动物毛皮。中国的山顶洞人、许家窟人亦是如此，据《韩非子·五蠹篇》记载“妇人不织，禽兽之皮足衣也”；《后汉书》记载：“上古穴居而野处，衣毛而冒皮……”即是例证。因此，在旧石器时代人类就已经开创了毛皮衣生活的服饰文化的文明史。

新石器时代，人类已进入到使用纤维来作为服装面料的服饰文化的生活时代，同时，人类也已掌握了穿针引线、缝裁制的技术。因此服装的造型也脱离了原始的有机自然造型，而是以满足自身需要为前提，除了沿用原有兽毛皮作面料外，还采用了草叶、树皮、藤条、芦苇、竹片等细长的线状材料系扎于腰上并使用亚麻纤维制成服装面料织物在瑞士湖畔遗址，我国浙江余杭良渚遗址和陕西西安半坡遗址都可考查到此时人类已用陶、骨等物品进行装饰的痕迹。而在爱琴海文明时期的克里特岛上，人类已使用羊毛、棉花等纤维制成面料，并用金头饰、耳饰、指环、手镯、胸饰等自然玉石、矿物做成装饰品。因此这一时期服装在审美与实用方面的功能以及在制造工具、纺织技术上都有了历史性的进步。例如，我国古代《礼记》记载："昔者，先王未有宫室，冬则居营窟，夏则居橧巢。未有火化，食草木之实，鸟兽之肉，饮其血茹，其毛。未有麻丝，衣其羽皮。后圣有作……治其麻丝、以为布帛。"还有柴尔德也曾说过："在人类史上，衣服、工具、武器和传统，代替了毛皮、爪子、利齿和觅取食物和居住的那些本领。"从此，人类社会进入了使用纤维面料的衣文化时代。

二、服装起源说的动机

（一）出于实用目的的动机

保护身体是服装的起因，因此人类的穿衣着装总是根据自然气候环境的变化而变化。在寒带地区人们为了保暖、御寒而穿毛皮，在热带为了防止日晒雨淋和蚊虫叮咬以保护自己的身体免受伤害，这与《淮南子》中记载"緂麻索缕，手经指挂"的以草衣葛裙为遮身御寒的说法一致。

（二）出于审美目的的动机

北京西南北京猿人遗址——周口店，发现了大量的铁矿粉末和人工制造的装饰品，有带孔的兽牙、海壳、石珠、石坠等，这些丰富多彩的装饰品，向世人展现了古代原始人心中的五彩世界，也表达了他们的审美观念，而这些装饰很可能早于服装的产生，它能更纯粹地反映出人类对美的追求。俄国普列汉诺夫进行了进一步的阐述："野蛮人在使用虎的皮、爪和牙齿或是野牛的皮和角来装饰自己的时候，他是在暗示自己的灵巧和有力，因为谁战胜了灵巧的东西，谁就是灵巧的人。谁战胜了力大的东西，谁就是有力的人。”“这些东西最初只是作为勇敢、灵巧和有力的标记而佩带的，只是到了后来，也正是由于它们是勇敢、灵巧和有力的标记，所以引起审美的感觉，归入装饰品的范畴。”

在我国古代南方少数民族的“椎髻”以及青海大通上孙家寨出土的马家窑文化彩陶盆上记载载歌载舞的带有尾饰的原始人，这些原始尾饰、装饰也许是当时最时髦的款式了。

（三）出于象征和图腾崇拜目的的动机

原始人的生产力在伟大的自然力面前显得那么渺小，由于恶劣的生存环境的影响，原始人只能借助于神奇的幻想力和想象力来从精神境界对付自然力，并把精神分离于肉体独立存在，后人谓之为灵魂，原始人类寄希望于灵魂，希望得到善的灵魂的保护，于是把贝壳、石头、羽毛、兽齿、叶子等自然界的东西附于身上，这就是说等于具有了超自然的力量，同时也是氏族、地位、财富的标志和象征，并逐渐演化为某种形式的饰品装饰于人体上。

（四）出于性差异和异性吸引的动机

在亚当和夏娃的故事中，夏娃以无花果树叶遮蔽身体，表现了对异性的羞耻情绪；我国古代由于礼制约束而对裸体讳莫如深，在漫长的服装历史发展过程中过分地强调实用性而忽视了性差异根本性的历史事实，正如鲁迅先生所说，即以衣服而论，也是由裸体而用会阴带或围裙，于是有衣服、衮、冕。还有在中国古代的《白虎通义》中所说：“太古之时，衣皮韦，能覆前而不能覆后”。能解释这些现象的也只有性差异的遮羞心理以及异性吸引的心理，由于两性生理不同而产生的羞耻感可能造成遮羞心理，对原始生殖崇拜促进会阴带的使用，最终形成遮蔽衣物。格罗塞在《艺术的起源》中讲：“原始人类的身体遮护，并不是针对性器官的遮掩，而是为了表彰，从而引起异性的注意”，这又是异性吸引的目的，也许这才是真正的动机和服装产生的首要原因。

三、对服装起源的思辨

（一）创造是服装起源的根本动力

地球是所有生物的生存空间，鸟、兽、鱼、虫等生物一直生于此空间中，凭借其天赋的求生能力、顽强生命力求得生存，鸟儿筑巢、鱼类藏于岩缝、兔类掘穴而居等，生物的此类生存方式虽历经时光流转却仍未改变。而人类却有别于这些生物，他们以超卓的创造力改变着自己的生活方式，推动着生产生活的进步与发展。在远古时期，人类基本上都居住在洞穴里，在长时间和大自然的对抗下，人们为了更好地生存下去，便开始学着用石头制造各种工具，慢慢学习怎样去适应大自然，人们开始学习通过制造泥偶和土器展现自己的生命力，同时还使这些物品具备了一些实用性的功能，这些实体造型体现了人类最初的创造力（如图1-1）。因此，人类拥有超越现状的本能，能够充分激发潜藏的创造力，创造力是人类有别于其他生物的原动力。

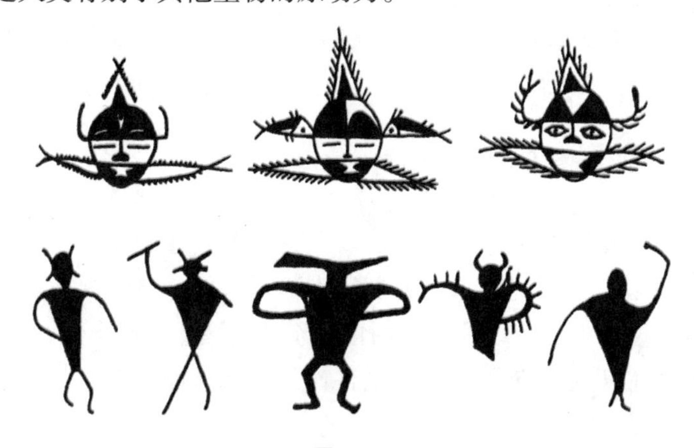

图 1-1

服装的起源是人类为了自己的生存而向自然界挑战的第一步，是激发人类潜能的原动力，是社会历史发展的原动力。是人们的劳动实践及其逐渐积累的经验激发和丰富了服装的形式。根据辩证唯物主义关于物质第一性、意识第二性的观点，首先有存在的服装，才有对服装的认识，在服装实践中构建了服装意识，服装意识又是服装实践的反映形式。

（二）原始使用服装原料的技术手段对原始服饰艺术表现形式具有决定性的制约作用

服装是人类最基本的生活需要，满足人类的护体需求。从最开始的狩猎到后来的畜牧、渔猎、农耕，生产力在不断发展，人类对于服装的要求也发生了一些变化，所以，随着时代的变迁，打制石器慢慢被磨制石器所替代，人类的工具和材料也在不断地改进，这些进步都促使服装造型发生了根本性的改变，并且，在人们的思想意识中也出现了一定的审美观，在审美上有了更高的要求，那么原始表现艺术亦伴之而生。

例如，原始人类起初取兽皮毛之自然形状任意披裹身体，至磨制石器时期开始对动物皮毛进行分割缝合，使缝合后的形状更合乎人体的状况，从此人类的服装形状便摆脱了有机形体的束缚，后来，更精细的骨针、梭子、纺轮等原始纺织技术的发展促成了服装由单一到丰富的关键转变，其原料也日渐丰富，选用了植物纤维和植物染料、矿物染料，人们可以用这些染料和纤维染织出多种花色、质地的面料和图案。这些早期纺织、染色、缝纫技术的进步使得原始服饰表现艺术形式开始按照人们的主观愿望得以实现并日渐丰富多彩，在服装造型的想象空间，使之由可能变为现实。

在出土的仰韶文化时期的文物中就存有纺织物的残留痕迹，如麻布类织物。三峡庙底沟遗址的华县泉护村被发现了布痕。在古埃及人的摩崖石刻和石瓶上留下了当时着装效果，几乎人人穿着亚麻纤维编织的裙子，遮挡着腰、臀、腹，既保证了胯裙的固定又起到了装饰作用，并且出现了方形、长方形、条状的图案（如图 1–2）。这些原始艺术表现形式都受制于当时的纺织技术水平，两者关系密不可分，互为制约。

图 1–2

（三）原始审美意识朦胧形式和服饰起源的偶发性与多元化

原始的艺术表现力，不仅体现在高高的石崖上，在小小的陶制皿上也能得到充分的反映，他们将在日常生活的劳动场景如狩猎及耕作等中见到过的东西记录下来，纹样有鱼、鹿、牛、渔网、水纹等，自然描绘成动植物纹样、几何纹，造型质朴，生活气息十分浓厚且呈现原始艺术的质朴美，另外，“文身”也是一种装饰、美化人体的手段，这些都表现了原始人在通过原始服饰得到了实用的满足感后，激发了从属于这种实用感的朦胧的审美潜意识，表现形式为形体和节奏感，但总体形体还比较模糊，由于集体劳作的统一，而产生了强烈的节奏感，这又与服装装饰的节奏感产生了共鸣。因此，原始服装的审美意识的表现形式是在包裹的毛皮、织物及装饰物品的有与无、多与少、疏与密、长与短等节奏的对比下而产生的美感，这种审美的表现性与实用性是有机的统一，同时服装的起源是表现在偶然的下意识的使用上的，当人们开始把这种自然的赐予转变为自觉的行动，就开始有意识地改变其天然形式，并逐渐体验、积累、构建服装造型的意识，营造服饰的穿着氛围，而不同材料、不同样式、不同环境、不同地点、不同时间、不同生存方式的多种因素的互相作用的结果却是多元的，是人类的精神心理需求的具体体现，普列汉诺夫说：“那些为原始民族用来作装饰品的东西，最初被认为是有用的，或者是一种表明这些装饰品的所有者拥有一些对于部落有益的品质的标记，而只是后来才开始显得美丽的，使用价值是先于审美价值的”。不难发现，原始人类蕴含着最原始的价值判断的审美评价。

因此，人类对于服装的精神性需求的追求就越来越迫切，服装发展为人类的基本生活需求。

第二节　服装设计的概念

一、服装的概念

服装是衣服、鞋帽、饰品的总称。它是传承历史文化、体现人类特性的衣着。从“服”的含义讲，各种衣物需要有御寒保暖的动静，遮阳避暑，保护人体是一种本能的功能需要。“装”则是指装束、装扮，体现的是人的因素。当人为了一定的目的而着装时，它体现的是一种状态，这种状态凸显的是精神、气质、容貌及穿衣人与环境、空间、配饰等之间的一种相互衬托、互补协调的整体关系。

日常生活中与服装意思相近的、容易混淆的名词有时装、衣服、成衣。

时装：是指在一段时间、一定范围内流行的服装，它突出的特点是时间性强，款式新颖。

衣服：衣服是服装的一部分，是遮盖人体的染织物，如上衣、裤子等，不包括首饰、鞋帽等服饰配件。

成衣：成衣是按一定规格和标准号型批量生产的成品服装，是相对于量身定做而言的，且款式、色彩、面料等均符合大众的趣味。

二、服装设计的概念

设计是构思、计划、拟订方案的过程，即根据一定的条件，为了一定的目的、要求而计划的目标方案。它是一个条理性、步骤性都非常强的试验活动。

服装设计是指在生产或制作某款服装之前运用一定的思维形式进行构思，并以绘画的手段记录下来，然后借助于材料和裁剪缝制工艺使其构思实物化的过程。

在这个过程中要考虑到服装的“三维”效果，首先，要实现服装良好的实用功能。其次，服装式样应符合人的生理特征，适合穿着时的各种用途。服装材料的选用使服装具有不同的外观效果和实用效果，因此，服装设计必须研究并解决服装的外观形式，使材料及内部结构更好地适应人体结构和人的活动规律，确保着装者的方便、舒适感。

服装设计要尽可能追求外观的美感，运用全新的观念、视觉、方法及各种形式美要素来处理好款式、色彩、材料的变化，尽可能实现服装的观赏价值，用美来愉悦我们的生活，愉悦我们的心情。

服装设计是一种面向生产的设计，服装的造型、色彩、材料、剪裁、缝制之间是一种相互制约、互相衔接不可分割的关系。

服装设计还是一种面向市场的设计，市场需要价廉物美的产品，设计成功与否由市场来检验。设计中要将商品意识贯穿始终，尽可能降低成本，提高产品的经济价值。

设计的本质就是它是基于人的需要而进行的一项造物创新的活动，服装设计最终的目的是追求一种境界，这就是人与自然、人与社会的一种和谐，并在这种追求中不断推动社会文明向前发展。

第三节　服装的美学法则

在日常生活中，美是每一个人追求的精神享受。虽然每个个体所感受到的美是由自己主观性格和心理作用而产生的，但人们可以感受到美的前提是事物必须具备美学的性质。在实际生活中，人们由于思想观念、教育程度、经济地位等因素的影响，会产生各种不同的审美观。但是，如果仅从形式条件上对某个事物或者形象进行评价，人们对其进行的美或者丑的判断通常是一致的。

这样一致的判断来源于人们长时间的社会实践，其依据就是美的形式法则，我们叫作形式美法则，该法则是客观存在的。

在人们的视觉经验中，高大的杉树、耸立的高楼大厦、巍峨的山峦尖峰等，它们的结构轮廓都是高耸的垂直线，因而垂直线在视觉形式上给人以上升、高大、威严等感受；而水平线则使人联想到地平线、一望无际的平原、风平浪静的大海等，因而产生开阔、徐缓、平静等感受……这些源于生活积累的共识，使人们逐渐发现了形式美的基本法则。

如果能很好地利用这种规则，便能够创造出美。基于规则的设计规范是美的规则，这一规则最终是为了明确实现设计的目标，即设计出具有和谐与美的服装。时至今日，形式美法则已经成为现代设计的理论基础知识。

所有艺术归根结底都是创造美与和谐。服装设计作为一门艺术，其目的也是如此。为实现这个目的，需要适当地运用各种设计要素，对自然美有目的地加以分析、组织、利用并进行形态化的使用，这就是形式美法则的运用。它的运用从本质上讲就是变化与统一的协调。它是一切视觉艺术都应遵循的美学法则，贯穿于绘画、雕塑、建筑等众多艺术形式之中，也是自始至终贯穿于服装设计中的美学法则。服装造型设计的形式美法则，主要体现在服装款型构成、色彩搭配以及材料的合理配置上。要处理好服装造型美的基本要素之间的相互关系，必须依靠形式美的基本规律和法则。

一、统一与变化

（一）统一

面对不同的事物，要想消除它们之间的差异，就可通过统一的手法，使这些事物产生联系。在服装设计作品中，绚丽的色彩、多样的素材和表现手法都可以使艺术形象变得更加丰富，但是，这些变化一定要围绕一个中心，高度统一成一个视觉形象，这样一来，才可以组成服装的系列形式。统一在具体的服装应用中有以下几个方面。

1. 服装构成要素的统一。即要求色彩、材料质感、造型款式的协调性。例如，西装要求造型大方简洁、线条自然挺拔，面料上下一致、色彩稳重协调。

2. 外轮廓与分割线的统一。例如，外轮廓用流线型，内分割线也要用流线型；前身有省，后身也应有省。

3. 局部与整体的统一。例如，领型、袖型、袋型、头饰、提包、鞋帽、纽扣等部件与整体造型相同或相似，使个性融于共性，从而达到整体统一的美感。

4. 装饰工艺的协调统一。美的服装造型要依靠精湛的工艺来体现，如晚礼服的工艺装饰要华丽、典雅、高贵。法国印象派大师莫奈曾对绘画艺术的构成有过一段精辟的论述，即“整体之美是一切艺术美的内在构成，细节最终必须服从于整体”。各要素要协调统一，相映成趣，给人以美感。

（二）变化

指艺术设计中各种构成因素所存在的区别（差异和矛盾）。

服装设计一定不是一成不变的，而是千变万化的，具有运动感、多样性的特点。服装造型变化指的就是服装的造型、纹样、工艺等组成部分上的变化。把这些不一样的因素进行配置，就会产生变化的设计，呈现出带有动感、活泼等效果的特点。不过，如果没有进行细致的处理，就可能会出现杂乱的情况。

1. 形状的变化：有大、小长短、宽窄、方圆、曲直、正斜等对比变化。

2. 色彩的变化：有色相、明暗、浓淡、鲜浊、冷暖等对比变化。

3. 质感的变化：有软硬、刚柔、轻重、粗精、润燥、滑涩等对比变化。

4. 态势的变化：有动静、疾缓、聚散、抑扬、进退、起伏、升沉等对比变化。

5. 布局的变化：有主从、繁简、疏密、虚实、高低、纵横、开合、呼应等对比变化。

二、节奏与旋律

（一）节奏

指的是在运动期间出现的有序连续。在节奏的产生中，有两个关系是非常重要的，一个是时间关系，另一个是力的关系。前者指的是运动的过程，后者则是指强弱变化。将运动的强弱变化有序地组合在一起，从而在反复中形成节奏。节奏的产生离不开有序反复这一基本条件。另外，在运动的过程中对轻重缓急的合理安排，也能产生节奏感。在大自然中，很多动植物都有着外观形式、颜色、轮廓等方面的呼应与对比，在这些形象特征的动态变化中显示其特殊的节奏感。节奏的发展与丰富就是节奏的变化形式。

服装造型的节奏主要体现在点、线、面的规则和不规则的疏密、聚散、反复的综合运用。一套服装必须要有虚有实、有松有紧、有疏有密、有细节与整体，才能形成“节奏”。节奏有以下形式。

1. 有规律的重复。百褶裙的每一个褶皱的宽度都是一致的，这些褶皱反复出现，在朴素、平淡中透露出一丝平静，相同的块面、等距的格子等有规律的排列，会产生一种重复性的韵律。其特点就是整齐，具有规律性，带有一些生硬感。

2. 无规律的重复（又叫自由重复）。因为点、线、面的不同，且长短不一，不同颜色、不同距离交错排列、重复处理，可以带给人视觉上的刺激，使动感效果得到提升，并带有一种无规律的韵律。例如，裙子上无规则排列的图案、装饰等。

3. 等级性重复。以等比或等差的关系进行等级变化或等级重复，也就是渐变，即同种形态要素按某一规律阶段性地逐渐变化的重复，是一种递增递减的变化，也叫渐变重复或渐变韵律。形体渐大渐小，色彩渐明渐暗，线条渐粗渐细、渐曲渐直。

（二）旋律

旋律本来是应用在音乐中的，指的是音的连续，韵的高低及间隔的长短，在不断的有节奏的奏鸣中反映出的那种感觉。因此，也把音乐说成是时间的艺术。另外，在诗歌中也有旋律，如几句——押韵；在建筑上有旋律，如多长——重复；在服装上也有旋律，如服装是由形状组成的（可称为空间的艺术），它的形与色、色与色以及形与色之间的过渡产生的运动给予人的空间旋律的感觉是很强烈的。服装上的旋律是由点或线对目光的重复引导形成旋律感。

服装设计的旋律是指衣片的大小、宽窄、长短及色彩的运用和搭配，服饰配件的选择、比例及布局等表现出像诗歌一样的抑扬顿挫的优美情调。点、线、面及色彩的变化，也可以体现出轻、重、缓、急等规律的节奏变化。

旋律变化的形态富有刺激性。

如裙袖口、领巾的叠褶，随着形体的运动表现出的微妙的韵律，如激动的韵律、单纯复杂的韵律。

服装设计中旋律运用形式有以下几种。

1. 重复韵律。在造型设计中，同一要素通过重复、同一间隔或同一强度产生的有规律的旋律叫作重复旋律。

2. 流动韵律。虽然没有规律，但在连续变化中能感受到流动感。流动旋律具有强弱、抑扬、轻重等变化，是一种随意的自由旋律。

3. 层次韵律。按照等比等差关系形成的通过层次渐进、层次渐减或递进的一种柔和、流畅的旋律效果。

4. 发射韵律。是指由中心向外展开的旋律，由内向外看有离心性，由外向内看有向心性。视觉中心往往也是一个很重要的设计中心。

三、对称与平衡

（一）对称

在美术中运用一个轴线两侧的形状以等量、等形、等矩、反向的条件相互对应存在的方式，这是最直观、最单纯、最典型的对称。同形同量的安置是一种静态的形式，也是表现安定的最好形式，其特点是稳定、庄严、整齐、朴素、理智，处理不当则易显呆板、有生硬感。它给人以美感，稳定、安静。对称存在于自然物的外形（蝴蝶的翅膀、对生的叶子等），是构成形式美的重要组成部分。例如，古代建筑、器皿、图案、诗词、对联及文字等都显示或蕴含着对称的形式美。

对称是服装造型的基本形式，表现为上下、左右、前后形状的大小高低、线条、色彩、图案等完全相同的装饰组合。对称形式适用于军服、制服、工作服等严肃的服饰，即使是多变的时装也存在局部形式。它包括几种对称形式。

1. 单轴对称

以一根轴为中心，左右两边是全对称的形状，又称单纯对称、左右对称、镜面对称或反射对称。任何一个单轴对称结构的部位（包括色彩和装饰）都是相同和等量的。

例如，中山装是以门襟扣子直线为中心轴，两侧的大小口袋处于等距离的位置，它是服装左右对称的典型形式、具有稳重、端庄、严肃感。

2. 多轴对称

采用两根以上的轴为基准，分别进行造型因素的对称配置，使视觉产生诱发作用。上、下、左、右直线交叉成直角，不仅左右对称，而且上下、对角的形起到了平衡作用，以增加动感效果。

3. 回转对称

以一个点为准，对造型因素进行反方向的对称操作，它的大致轮廓就像一个英文字母“S”，这就是回转对称，也叫作点对称。海星、樱花、风扇的扇叶等这些图案就是典型的回转对称。上下左右或者前后都是相同的图案和色块，这样的效果会改变那些呆板的格局，在稳定中透露着变化性。

（二）平衡

又称均衡，指两边等质等量所形成的比例。平衡在计量上是指平均分量。上下左右的均衡虽然不是绝对的对称，但是却也保持着平衡的对称状态。艺术设计上的均衡是人们在生理功能和心理感觉上感受到的物象形量的大小轻重，色彩的明暗、鲜浊，材料的肌理、质感以及物体的相态、动势的平衡。就像人体安静时是左右对称的，但运动起来就不再对称了，这是就要保持重心，人才不会跌倒；茶壶壶身对称，而壶嘴和壶把又是均衡的。在实际的生活中，很多事物都体现了在运动中求平衡的情况，如人类摆臂奔跑、鸟儿展翅飞翔等。宇宙中的任何一个物体都无时无刻不在运动，但是却也处于相对平衡的状态中。在均衡的各种形式中，这样的动态平衡是最为常见的。均衡不仅生动活泼，而且富有新潮感和人情味，但是如果处理不好就会造成杂乱、不协调的情况。

服装造型的均衡是指在不对称的服装造型中由相互补充的微妙变化形成的一种服装整体的稳定感和平衡感。现代设计常追求个性化和趣味性，因而常采用均衡的形式，使轮廓造型及局部造型富有新意。例如，女装晚礼服，常袒露一边的肩部，另一边则饰花朵羽毛等。

对于服装造型来说，要想实现其均衡性，主要会通过这些方式：纽扣的位置和排列、口袋的位置大小、门襟的位置、衣服的颜色变化等。一般礼服在上下、左右以及前后的方位上都是均衡的，一般重心在比较靠下的位置，给人稳重、高雅的视觉感受。在色彩的搭配上，一般小面积部位会用暗色，大面积部位用亮色，这样一来，面料大小、色彩明暗上也能实现均衡。

四、强调（加强或减弱）

强调是突出服装的某个重点部位，目的在于获得最佳的穿着效果或视觉效果。加强与减弱指在设计服装时注意加强服装的重点部分，而相应地减弱其非重点部分，这种方法也被称为“重点烘托”。

在设计服装时，不管是在其局部的结构还是整个轮廓上都应该做到对人体美的部位的充分展示。其重点部位有肩、背、臀、胸等，可以在这些特殊的部位添加装饰，还可以使用配套设计的方式。

服装设计的强调有如下三种方法。

（一）风格的强调

服装的风格指的是服装所呈现出的艺术特点及气质内涵。风格对于服装来说，就像灵魂一样重要，风格能够展现出服装的个性特点。所以，在设计服装时，风格的打造是非常重要的内容。服装有多种风格，如东方风格、西方风格、民族风格、现代风格、浪漫风格、严谨风格、古典风格、新潮风格等。在进行设计时，应先给服装风格定位。例如，晚礼服中，可有东方情趣的绣礼服、表现古典气派的花边礼服、洋溢新潮风格的不对称形礼服等。

（二）功能强调

服装除了美化功能外，还应具有护体等实用功能。不同的服装有不同的功能。例如，工作服应有利于生产，便于操作。因而设计时一般强调宽松、适体、随便、舒适、造型简洁大方，设计的腰带、口袋等不仅是为了装饰，还着重于功能的需要。

另外，还应从色彩、材质上来配合，使工作时起到护身和便于工作的作用。例如，防火服、潜水服、登山服、宇航服等。

由于穿着环境与活动情况的独特性，设计师可以从服装造型、缝制技术、面料质地、色彩等方面来考虑，以满足不同功能要求。

（三）人体补正的强调

人体的形状是千差万别的，标准体型的人较少，因此在衣着上需要通过强调的手法对人体进行补正来弥补体形上的缺陷，扬长避短，以取得较好的着装效果。

人体类型可以归纳为高瘦型、高而胖型、瘦小型和矮胖型。

1. 高瘦型

这是较为理想、漂亮的体型。一般不需要补正，只有过于高瘦者才需补正。高瘦者要避免穿柔软、贴身的面料，防止贴身的现象。上下身用不同花纹或皮带、大口袋等分开，可中断视线，减少高的感觉。避免使用长线条，如插肩袖、长分割线等。

2. 高而胖型

给人以高大感。可以采用有花纹与无花纹并用的方式，如上身用有花纹衣、下身用无花纹裤来减少高大感。适宜采用中等花纹设计，时续时断，不要同时使用连续曲线和直线。因为若花纹过小，对比下会使其更大，若花纹过大，会使其更醒目。在材质上既不宜用过柔软的，也不宜用过硬的，要用上等的材质、合身的裁剪和朴实的手法缝制，装饰不能太多，否则会显得臃肿。

3. 瘦小型

应突出小巧玲珑感。最适合采用长线条，如公主线条。附件、辅件应使用较小的装饰，如口袋、扣子等相对小些。衣服可适当加肥、加褶，皱褶面料、蝴蝶结、荷叶边等都可采用。

4. 矮胖型

该类人的特点是面色一般较好，应以脸为中心设计。脖子和领周围要离开一些，适宜用 V 字领，因为领子紧靠脖子会显得没脖子，避免使用横线条。用于瘦小人的装饰如灯笼袖等都不宜使用，不能用高领子。

五、比例

比例是指同类数量之间的一种比较关系。对于服装来说，比例就是服装各部分尺寸之间的对比关系。服装的尺寸达到完美统一便可称为比例美。

服装造型设计的比例关系主要体现在以下几个方面。

1. 服装造型与人体的比例指衣长与身高的比例、衣长与肩宽的比例、腰线分割的上下身长的比例、衣服的各种围度与人体胖瘦的比例。

人体比例匀称会带给人美感，作为穿在人身上的服装，也应该是与人体比例相符的。例如，有些服装会进行低腰、高腰等多种不同的腰线设计，这就是根据人体上半身与下半身长度比例定的，具有不同腰线设计的服装穿在不同的人身上才能更加合适，从而展现出人体的美感。此外，服装比例还要充分考虑人的身材。穿衣服的人身材有高有矮，有胖有瘦，身材各异，为了补偿某些形体比例中的缺陷，可通过变化衣服的比例予以调节。

2. 服饰配件与人体的比例

帽子、首饰、包袋、手套、腰带、鞋袜等的形状大小与人体高矮胖瘦的比例。

3. 服装色彩的配置比例

服装色彩配置中各色彩块的面积、位置、排列、组合、对比与调和的比例；服饰配件色彩与衣服色彩的比例。

4. 服装细部与整体的比例

如领子与整件衣服的比例，袖子与整件衣服的比例，衣袋、扣子与大身之间的比例要协调。

服装美中常用的比例关系有如下几种。

1. 黄金比例

古希腊人运用几何发现了人体的黄金比例，这是最符合人的审美的比例，比例关系是 1 ∶ 1.618。拥有黄金比例的人或物会给人一种优雅、舒服的感受，直到现在也一直被人们推崇和应用。例如，我国的敦煌笔画、罗马的凯旋门、埃及的金字塔，在这些艺术佳作和建筑中都不难发现黄金比例。人体的很多部位也是含有黄金比例的，完美的人体比例是从腰部为分界线，上半身与下半身呈黄金比例。女体的比例分配方法有多种，如：3 ∶ 5、5 ∶ 8、8 ∶ 13，等，很接近于黄金分割。服装长度比例也是以 3 ∶ 5、5 ∶ 8 为最佳，如身高 160 ～ 165cm 的西装，横肩宽 41cm、衣长 66cm，两者比例为 1 ∶ 1.611，接近黄金比率。连衣裙以腰线为分界线，呈现出上半身为 3 下半身为 5 的比例。如果比例相等，就会没有主次之分，给人一种平淡的感觉。如果比例过于悬殊，又会给人一种不稳定的感觉。所以，如果衣服分为上下两件，就要注意这两件衣服要有合适比例的长度。黄金比例是目前使用最广、效果最好的比例形式。

2. 渐变比例

造型的组成按一定比例作阶梯式的逐渐移动称为渐变。完全规律的渐变是根据一定的数列进行的。例如，0、1、2、3、5、8……为费波纳奇数列，即每一项是前两项之和。贝尔数列：1，1，2，5，15……即每一项为前一项的两倍加更前一项。

渐变比例是按照特定的规律不断变化的，所以会给人一种柔和的节奏感。3、4、6、8、12、24……这是服装中经常用的渐变数列，这组数列被广泛用于服装长度的比例上、裙子花边的装饰布局中，从而形成一种节奏感。当然，服装在造型比例上不应该以某一数列为基准，而是要根据造型的功能和特性决定。

3. 无规则的比例

这些年来，服装设计一直受现代艺术风尚影响，设计师会在款式上做一些新颖的设计，从而带来一种新潮感。所以，服装比例不应该被规律所限制，而应是打破常规，进行一些特别的比例设计。例如，现代流行的上衣短裙的组合。

六、对比与调和

（一）对比

对比是不同事物的相互比较。

在艺术设计中，线条、色彩、声音、体积、形态等两个以上的不同因素会在特定情况下的同一个艺术体中形成一种和谐的关系，将对象的特征突出表现出来，呈现出鲜明、振奋的艺术效果，使艺术性更强。服装设计同样如此，其对比关系主要是通过视觉形象色调的明暗、冷暖，色彩的饱和与不饱和，色相的迥异，服装局部造型的大小粗细、厚薄，图案位置的上下、左右、高低、远近，服装形态的虚实、动静等多方面的对立因素来体现的。对比法则被广泛应用在服装设计当中，主要有以下几种。

1. 造型对比

在服装设计中，造型对比是指造型元素在服装廓形或结构细节中形成的对比，这种对比既可以出现在单件服装中也可以构成一个系列服装中的对比关系。例如，造型元素（装饰线、绳带、兜等）排列的疏密、粗细、简洁与复杂等都可以形成对比。

2. 色彩对比

利用色相、明度、纯度的异置，或利用色彩的形态、面积、空间的处理形成对比关系，形成鲜明、夺目的色彩美感。

3. 面料对比

面料对比是指在服装上运用差异很大的面料来形成对比，并通过这种对比关系强调设计感，如厚实与轻薄、粗犷与细腻、滑爽与毛糙、硬挺与柔软、沉稳与飘逸、平滑与褶皱。

4. 面积对比

在服装中面积对比是指不同色彩、不同元素、不同材质在整体服装造型中所占的量的对比。特别是色彩面积的对比，给人的感觉是非常直观和明显的。

（二）调和

在不一样的造型要素中强调其共性，使其在形态、颜色、材料上达成和谐，带给人一种含蓄、安静之美。在服装造型上的调和，大多是通过装饰工艺协调、相近形态重复的方式来实现的。

七、呼应与穿插

呼应是指在设计中通过对设计元素的添加、删减或排列等使得两个不同的设计或同一设计的不同部分产生某种关联。

穿插是指造型元素的交叉，可以作为呼应的一种手段，穿插可以改变设计中的单调感。

八、重复

同一要素出现两次及两次以上就可以突出对象，我们称之为重复。重复的间隔要适当，过于分散和统一的要素都不利于形象的编排。服装造型设计中，织物的印花图案、钉缝的亮片和钻粒等都会以重复的形式出现。

重复分为同质同形的要素重复、同质异形或异质同形的要素重复、异质异形的要素重复。同质同形的要素重复在给人整齐大方感觉的同时缺乏变化，显得单调。同质异形或异质同形的要素重复会消除单一感，使画面富于变化，产生一种调和美感，增加了造型的可看性。异质异形的要素重复应注意变化与统一的关系，以免由于形态差异太大而显得凌乱，缺乏统一感。

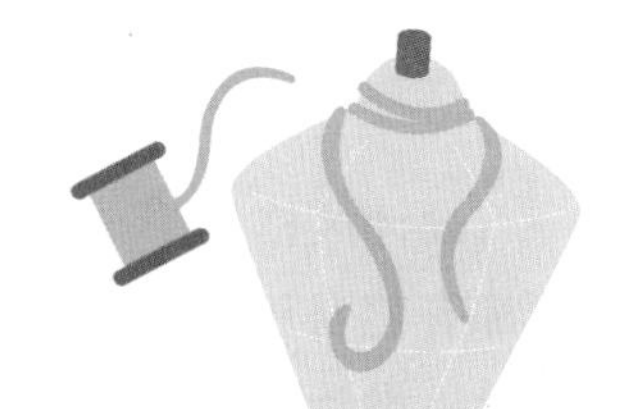

第二章　服装设计风格与设计思维

第一节　服装设计风格概述

一、服装设计风格分析

（一）风格的系统概念

设计风格是针对某种目标的风格预想方案，具备宏观与微观的特征，也具备着系统性的特征。服装设计风格涉及社会因素、环境因素、经济因素、民族因素以及个人因素等，这些因素相互联系和影响，服务于设计目的。

在设计风格发展的任何一个阶段中，设计领域都不是只有一种声音的。一个时代的设计风格概念下，有着各种各样的、充满浓郁个人风格的作品。设计风格的多样性是保持设计活性的重要因素。时代风格也是众多设计风格汇总的产物，如同智慧之树，多种多样的设计风格组成了大树的整体，大多数枝叶方向形成了时代风格；在设计风格改变的下一个阶段，原本就存在的风格之树的其他枝条变得枝繁叶茂起来，新的时代风格由此产生。我们可以看到：整体决定部分，部分又影响整体，设计风格在演变过程中呈现的整体性与层次性就是设计风格所具备的系统概念。

（二）个人设计风格与品牌设计风格

设计风格的形成是设计师个人审美与价值观的外在展示，每个设计师都有着自己的风格，这种个人风格如果与社会环境相适应、被市场所接受，设计师就会获得成功。个人风格受到设计师成长环境及个人经历的影响，能够深刻地反映在他们的创作中。

例如,20 世纪 80 年代活跃于法国时装界的多位日裔设计师高田贤三、山本耀司、三宅一生、川久保玲等，他们以精湛的设计、独特的风格征服了世界，在代表世界最高水准的法国时装舞台上取得了成功。他们的成功发生在日本经济强势崛起和世界对东方文化好奇的背景下，从他们的身上可以看到东方文化与日本传统风格的深刻影响。

山本耀司作为当时日本风格的先锋派人物，把西方建筑风格设计与日本服饰传统结合起来，大胆发挥日本服饰文化的精华，形成了反时尚风格（anti-fashion）。这种与西方主流背道而驰的新理念不但在巴黎时装界站稳了脚跟，还影响了西方的设计师。

高田贤三充分利用了东方民族服装的平面构成和直线裁剪，不使用西式裁剪中塑造立体的“省”，把人体从传统西式裁剪的禁锢中解放出来，形成了宽松、舒适、无束缚的崭新风格。

川久保玲的设计风格独树一帜，十分前卫，被服装界誉为“另类设计师”。

她的设计从理念上融合了东、西方的概念，将日本典雅沉静的传统风格，立体几何的造型模式，不对称、重叠式的创新剪裁，加上简洁、利落的线条与沉郁的色调呈现出独特的美感，其原创的观念设计在最近的几十年席卷全球。

这些时装设计大师们每个人都有着自己鲜明的个人风格，他们天才横溢、灵感频发，引导着世界的时尚风潮。但是，设计最终要面对市场，更多的设计师所要面对的是大多数的市场消费者，而现代设计中人本主义的设计理念使消费者在设计中的重要性越来越大，消费者对产品从单纯的物质需求转向追求精神层面的需求。消费品牌、消费时尚、消费个性等消费升级对设计定位和设计风格提出了更高要求。

设计师的个人风格与服装品牌风格的协调一直都是服装品牌发展过程中存在的问题。许多服装设计师的设计风格会随着他们所服务的品牌产生很大变化。例如，约翰·加利亚诺（John Galliano）的设计与Dior（克里斯汀·迪奥）品牌在设计风格上的关系就是典型的案例。早期加利亚诺的作品从英国式古板概念的设计到充满着浪漫歌剧气息的设计，具有现代解构主义的特点。立体裁剪技术、野性十足的重金属及朋克设计形成了后现代主义的设计风格。当他成为迪奥的设计师，充满想象力的设计、夸张的戏剧化表现、极致的浪漫主义个人风格与极度女性主义的Dior品牌风格进行了很好的协调，使品牌变得年轻化。

二、服装设计风格与设计定位

设计风格是服务于设计定位的，不是独立存在于设计任务之外的。风格的建立是为了应对设计目标的需求。群体性设计、个体性设计以及创新性设计风格的确立都是为满足不同设计目的而存在的，具有各自不同的设计定位。

网络世界将整个地球变成了一个村落，时尚在全球呈现出越来越多的共同特征。设计的同质化与消费市场的细分趋势对服装产品设计定位的准确性影响巨大。

（一）服装设计定位概念与要求

现代市场呈现多样化趋势，传统的种类齐全、质量过硬的模式并不能确保在现代商业社会中获得成功。信息社会中服装的品牌效应得到了极大增强，市场的细分使品牌的功能和价值得到了发展。服装品牌的架构是一个综合体。充分考虑消费者需求与审美偏好，将产品的质量功能与企业的品牌文化结合起来。

“定位”是现代营销领域中非常重要的概念。定位首创于产品，然而定位并不是指产品本身，而是指产品在消费者心目中的印象和地位。一件商品、一项服务、一家公司、一家机构，甚至是个人，都可加以定位。

服装设计定位可以分为两个层次，第一层次在于吸引消费注意，在最短时间内获取消费者的注意力是设计定位的目标。例如，营销领域推崇的“7秒钟原理”。

在服装设计中的应用体现在色彩上，色彩对视觉的作用无疑是第一位的，大多数品牌的设计定位优先利用色彩的力量。

设计定位的第二层次是引发消费者的深层注意。品牌能够带给人们生活方式与生活态度的期待与满足，它对消费者的吸引从品牌外在表象感知开始，一直到品牌认知以及对品牌精神的认同。设计定位应从产品的表层开始完善品牌的整体形象，有针对性地引发消费者的深层注意，激活消费者寻求品牌信息的愿望，使其接受品牌形象并留下深刻印象。

服装设计定位的过程是创造、传播以及引导消费者对品牌的认知、接受、认同并最终追随的过程。品牌的产品设计是一个系统工程，与企业的方方面面相作用。服装的设计定位是协调企业与消费需求以达到高度统一的过程。

（二）设计风格的变化与设计定位的要求

设计风格服务于设计定位，这是顺利完成设计任务的保障。准确的设计定位是服装品牌成功的要素。服装风格要围绕设计定位展开，在实际的应用过程中会有多种多样的要求与变化。

（1）在市场中没有一个服装品牌可以满足所有的消费需求。产品设计定位必须做到清晰明确、布局合理，层次分明。

（2）保持统一的风格有助于加深消费者对品牌的印象。但风格统一并不意味着要把所有的产品设定在一个模式里，可以尝试在大的概念下进行品种、色彩变化，在保持风格的前提下增加变化。

（3）独特的色彩的设计是解决风格同质化的一个方法。在协调设计定位与设计风格的过程中根据自身的品牌色、流行色和基本色的组合规则进行设计，尽量做到“色彩和谐、重点突出”。

（4）坚持一定的原创性，因为顺应市场潮流进行创新的产品才能获得最大的利润回报，一味地模仿和抄袭对于品牌形象有害无利。只有保持独立的设计定位与设计风格，才能使品牌健康成长。

设计风格是为设计定位服务的，不要沉迷于设计的变化，坚决摒弃华而不实的设计理念。为品牌形象确定好统一的外部风格，确保品牌的面貌在时尚流行中不变形。保持品牌的风格统一有利于建立良好的品牌忠诚度；不要在品牌内部尝试过多的风格，风格的差异会让消费者产生模糊的印象；在设计定位中需要考虑风格的扩张与收缩变化，建立稳定的品牌概念。

第二节　服装设计的灵感来源

一、灵感的定义及特征

灵感是什么？通俗来讲就是在脑海中突然迸发出的想象力，是精神物质转化为艺术创作或科学研究的表现，是思想在经过了集中的思考与实践以后形成的思路与方法。如今科学和文化都在不断地进步与发展，灵感就像科学研究的基石；灵感想象在艺术设计中也是不可或缺的创作源泉。

要想认识灵感的本质，就要从它的词义入手，灵感一词源于古希腊，写作“ έ μ π ν ε υ σ η ”，其原意是神的气息，也有充满和吸入灵气的含义[①]。朱光潜曾在《西方美学史》中证实了“灵感”一词最早源于古希腊，意思是诗人或者艺术家在艺术创作过程中获得了神的灵气，最终创作出了魅力脱俗的作品，抑或是神的灵气附着在创作者身体上，使作品将灵感传达出来。可见，创作者不过是传达了神的旨意。奥斯本曾在文章《论灵感》中对灵感的含义和渊源进行了梳理，灵感说最早是由德谟克里特（古希腊哲学家）提出来的，在现存的一些史料中也记录了很多和灵感相关的论述，他觉得荷马人具有与生俱来的神力，因此可以创造出那么多优秀的诗作。他还认为，如果诗人没有疯狂的灵感，内心没有火苗，就无法成为一个好的诗人[②]。后来，灵感又被柏拉图上升到艺术创作的层面上，他认为文艺创作需要灵感提供动力和源泉。他提出的“灵感说”对后世西方学者对灵感的认识产生了重要影响，他认为诗神就像一块磁铁，给人灵感以后又会通过这些人传递给更多的人。柏拉图还表示，诗人是靠灵感来创作的，这样由神赋予的灵感会使人进入一种痴迷的状态。另外，在古希腊人看来，灵感和宗教也有着非常密切的关系，从希腊神话中我们不难发现，他们普遍认为人的技能都是由神传授的，

① 朱存明．说中西灵感观[J]．文艺研究，1984（6）：38-42.

② 朱光潜．西方美学史[M]．北京：人民文学出版社，1981.

就像前面我们所说的诗歌也源于神赋予的灵感一样，这都充分证明了古希腊对神的信仰。1901 年，梁启超首次对 inspirastion 进行了音译，同时还对其进行了解释，“而此心又有突如其来，莫之为而为，莫之致而至者。若是者我，自忘其为，我无以名之，名之曰‘烟士披里纯’，“烟士披里纯”者，发于思想感情最高潮之一刹那顷”[①]。而“灵感”一词的由来应该是在五四运动后，1923 年胡山源等人在上海创办了《弥洒》月刊，出版宗旨为“无目的无艺术观不讨论不批评而只发表顺灵感所创造的文艺作品的月刊”[②]。虽然直到 20 世纪初我国才出现“灵感”一词，但是一经出现，便被人们广泛应用。

虽然未曾在我国的史料中找到“灵感”一词，但是却并不代表没有发现或者以此引发过思考，对类似甚至相同的“灵感”现象的描写和讨论，却在中国文论中有着十分丰富的文体表现，并形成了独具民族文化的概念体系、哲学背景以及有别于西方文论的传统。这些描述大多散见于一些零散的诗、词、文、赋文、笔记中，如刘勰的“神思论”，在刘勰看来，“神思”是一种不受时空限制的奇妙的思维能力，“文之思也，其神远矣”“思接千载，视通万里”；[③] 严羽的“妙悟说”，在《沧浪诗话》中提到“诗者，吟咏情性也……其妙处透彻玲珑，不可凑泊……言有尽而意无穷。”[④] 可见，创作需要的妙悟只有达到了精神上的自由，与神的契合，在表达这种灵感体悟时才能创造出一种意味无穷的艺术境界；陆游的“偶得”——“文章本天成，妙手偶得之”，如上这些在语义上与都与西方的“灵感说”极为相近。这些语义都是对艺术作品创作过程中突如其来的感思状态的描述[⑤]。

由此可见，不管是西方的古代文论还是中国古代的文论都曾将灵感和神联系在一起，认为灵感是一种神秘、奇妙的思维能力，是一种难以预知的力量；从灵感的状态看，它多与艺术创作中的想象力有着非常紧

① 柏拉图 . 柏拉图文艺对话集 [M]. 朱光潜，译 . 北京：人民文学出版社，2008：7.

② 王婧瑜 . 异质性与可通约性：中西方“灵感说”比较 [J]. 当代文坛，2014（3）：146-150.

③ 王建波 . 中西古典文论中关于文学构思活动阐释异同之一种——刘勰的“神思”说与柏拉图的“灵感”说之比较 [J]，语文学刊，2010（3）：33-35.

④ 商真真 . 严羽“妙悟”说的内涵 [J]. 剑南文学，2011（2）：70.

⑤ 石颖 . 试比较古今中外的“灵感”说 [J]. 文学界（理论版），2012（5）：302,304.

密的关联，灵感的闪现是不受人的意志所控制的，是思维处于不自觉的状态时而迸发出来的创造力。

综上所述我们不难看出，灵感具有从自身之外的一个源泉中感受到助力和引导，产生创造性成就，进而归纳出灵感的特征：第一，偶然性，灵感是偶然形成的。直到现在人们依然没有发现控制灵感形成的方法，灵感不是在主观意愿下形成，这样的随机性就像是被什么外部力量所引导而产生的。第二，瞬时性，灵感会在瞬间产生，也会在瞬间消失，如果不及时捕捉到，不进行具体的记录，可能就再也找不回来了。虽然灵感是转瞬即逝的，但是灵感却永远不会枯竭，通过开发与引导，灵感会源源不断地涌来。第三，灵感具有独创性。由灵感创作出来的作品是独一无二的，具有独创性，在有了灵感之后，创作者会产生一种感性的情绪，人可能会兴奋会紧张，甚至是癫狂①。第四，灵感具有价值性。灵感本身在艺术和科学领域具有很高的价值。有了灵感以后，艺术表现就会更富有生命力。

二、服装设计灵感主题的提炼与表现

（一）服装灵感主题的提炼

在服装设计的过程中，要想获得灵感，就需要从世间万物中汲取。世界多姿多彩、变幻无穷，总能给人很多服装设计上的灵感。服装设计通常是先将灵感展现在草图中，然后根据草图进行制作。不管是哪一个步骤，都是需要设计者深思的，设计师所设计出来的成品不仅要呈现出灵感创想的造型和样式，还要营造出灵感所要求的艺术氛围。

在提炼服装的灵感主题时，创意思维是非常重要的，还可以把服装灵感的提炼看作是在服装创作时，对突发的创造性思维进行的提炼。

创造性思维指的就是通过创造的理念和方法去应对问题的思维，它体现了人类思维的高级感，具有独创性及主动性，人们可以通过新颖的方法去解决问题。创造性思维和创作者的气质、个性、生活习惯等多种因素有关，它并不是固定不变的，如果对其加以训练，或者提出有针对

① 严天明．对艺术创作的思考[J].美术教育研究，2013（17）：55-58.

性的需求，就会使其得以提升或者发生变化。对于服装设计人员而言，他们的工作和创造性有着非常紧密的关联，不管是具象还是抽象的服装造型设计，都需要借助创造性思维的力量。设计者的灵感都来源于自身的想象力、观察力和创造力，因此，在实际的生活中必须善于观察，以通过这些特殊的能力来获得灵感，从而创作出别具一格的独特作品。

一般在服装走秀活动、品牌发布会等活动中都会有一个主题，所有的服装都必须具备这一主题所涉及的素材，同时，这也是服装设计师所要表达的核心理念，不过，该核心理念的呈现必须借助于其他与之相关的说法和意念。设计理念的呈现就像讲述一个故事，要通过作品去感染和打动人，也就是说作品的叙述性会通过造型表现出来。

由于每一位设计师的思维方式是不一样的，所以在灵感题材的选择和由灵感所引发的创意思维上都是不同的，要对生活有敏锐的观察力，然后抓住新颖的题材，才能使创作来的作品别具一格，设计出带有浓厚风格特色的服装。在围绕主题进行创意提炼时，必须通过创意思维的方式去分析、概括和提炼，通过最优的方式将具有灵感的设计主题呈现出来。

（二）服装灵感主题的创意思维方法

在运用艺术设计教育体系时，必须从宏观且系统的角度进行考虑，对想象力进行充分调动，然后找寻出一条独特的思路，简单来说，其实就是以创造思维方式为基础，对艺术设计进行指向性的介入，同时，艺术设计的特点对于其创造性思维的运用也起到了决定性作用，从而使作品的创意可以通过独特的视角更好地展现出来。对于服装设计来说，设计师必须具备“标新立异”的思维，要在着手设计时收集大量的相关材料，然后经历从无到有、从量变到质变的过程，大量相关信息的收集也是获取灵感的重要途径，这些信息就是感觉和知觉的形成基础，它们可能来自生活、自然、行为，也可能来自艺术、民族文化。从表达角度看，创意思维可分为逻辑思维、同构思维这两种主要的类型；从认知角度看，则会被分为更多的类型，如抽象思维、具象思维、感知思维、发散思维、收敛思维、逆向思维等。本小节主要针对服装设计中常用的发散思维、收敛思维、逆向思维、同构思维和联想思维展开相关的理论研究。

1. 发散思维方式的运用

在表述艺术与科学的思维特征时，我们常常习惯用“形象思维”“逻辑思维”来区分二者，其实无论艺术还是科学都离不开这两类思维方式，只不过艺术相对而言更侧重于感性的形象思维，科学更侧重于理性的逻辑思维。发散性思维则兼顾形象思维和逻辑思维的特征，突出创造性思维的特质，因此发散性思维是创意思维方法中最重要的思维方式。

发散思维方式又称扩散思维，是指人们以某一事物为思维中心或起点而进行的各种可能性的联想、想象和假设，沿着不同方向多角度、多层次去思考、探索，从而获得更多的解题设想、方案和办法的思维形式，这种思维方式具有发散式的特征，主要表现为链条式思维发散和辐射性思维发散两种。链条式的思维发散是以既定主题为思维的起始点，随后一点连一点、一步接一步逐渐向外生发开去的思维方式，其思维的轨迹呈现出“线形”的趋势。此种发散性思维具有流畅性、深入性的特点。而辐射式发散性思维方式则是一种紧紧围绕创造性主题而进行的不同方向的发散性想象，其思维呈现出“面状”的轨迹。具有跳跃性和广面性的特点。总之，发散思维方式强调“延伸”的方法，是建立在对一物的形或意的延展基础上，延不同方向或角度提出设想，引起连锁反应并组建出创意的雏形。例如，纵观西方服装史中世纪的洛可可服饰风格（如图 2–1）带有很强的象征意义和标识特征，为现代的设计师带来无限的创作灵感，洛可可艺术的特质提取表现为曲线趣味，常用 C 形、S 形、漩涡形等曲线为造型的装饰效果；构图不采用对称法则，而是带有轻快、优雅的运动感。

色泽柔和艳丽，洛可可风格在服饰中可以提取出褶皱、层叠、花边、花结、刺绣、柔美的色彩等造型元素，并在设计作品中得以延展，图 2–2 中的约翰·加利亚诺（John Galliano）、迪奥（Dior）作品中除了对洛可可风格的刺绣、X 廓形等进行沿用外，将堆砌层叠的视觉效果在迷你短裙中恰到好处地烘托出来，增加了源自洛可可服饰灵感作品的感染力。

图 2–1　Jean Honore Fragonard 1767

图 2–2　John Galliano for Dior 1997A/W

2. 收敛思维方式的运用

收敛思维有多种别称，如聚合思维、求同思维等，它和发散思维是相对应的。主要指的是在大量的信息中找寻最佳方案的思维。首先，在解决问题时，围绕一个思考对象，尽可能多地利用所掌握的知识与经验，对各种信息进行重新组织，站在多个视角来考量这一对象，利用筛选、综合等多种方式得出合理的结论，以达成解决问题、得出方案的目的，由此可见，收敛思维主要是通过求同的方式来实现目标的，在选择时要小心求证，然后展开创造性、选择性的重组，该思维方式具有指向性、概括性的特点。这种思维方式主要是通过逻辑概括的方式进行的，对设计师的要求是要将注意力从预设的具体设计命题上转移下来，将更多的精力放在对于相关主题的因素、规律的深度分析、掌握和概括上去，把一些不重要的表面的信息去除，收敛思维方式的方向性、组织收敛性非常强，它与发散思维方式相反。其次，在创作过程中，收敛思维方式往往可以检验设计师的综合实力，这种思维方式要求设计师可以对多种结果进行筛选，然后得出设计结论，再把多个结论结合起来成为一个整体。最后把和主题相关的所有信息都融为一体，得出一个完整的新设计。尤其是在服装设计中，还会指向别的相关事物，如对市场进行调研，通过调研可以对当前的流行趋势进行一个合理的判断，然后结合设计的主题展开思考，从中获得启示，对事物的本质与核心有一个整体的把握。合理地筛选主题信息，然后再对这些信息进行概括整合和思考创新，这样才能使设计顺利进行，从而获得最佳的设计作品。

3. 逆向思维方式的运用

逆向思维就是要改变以往循规蹈矩的思维方式，站在与之前相反的角度上看问题，这种思维方式往往是和那些约定俗成的观点相对立的。这种思维方式具有反常规、反传统的特点，因此，如果将其运用在艺术设计中就会使设计作品具有非常明显的开拓性，对于一些极为常见的事物，敢于站在其反方向进行思考和探索，以形成新观念和新形象作为最终的目标。在有了设计主题之后，应改变以往的思维方式，摒除传统的设计命题，打破常规，站在对立的方向进行探索，然后有所发现，从而得出独特的解决方案，顺利地解决问题。在设计创作中，这样的思维方式不失为一种极具变通的方式，根据结尾思考问题，简单化地看待复杂的问题，从而达到事半功倍的效果，不仅省时省力，而且具有一定的实效性。逆向思维就是要另辟蹊径，不需要直面主题，而是通过迂回的方式对主题加以表现。在运用这种思维方式的时候，最重要的就是从反方向进行思考，当然并不是说要让设计师刻意违背设计的逻辑，改变设计的需求而设计出违背设计初衷的作品，而是说要在确定了设计主题以后，通过一种灵活的、开放式的、启发式的思维方式实现最终的设计目的。例如，意大利著名的服装设计师詹弗兰科·费雷（Gianfranco Ferre），他最开始学习的是建筑设计，而正是由于这样的学习背景，使得他在从事了服装设计以后并没有将注意力放在服装的工艺、选材上，而是像进行建筑设计一样把服装看作是一个建筑物，将关注点放在了服装的外观上，他将立体造型这一建筑设计的意识运用在服装设计上，在其作品中我们往往会看到简单的线条、不对称的裁剪、纯净的设计风格，当人们穿在身上的时候，展现出来的是自信、洒脱的风采。正是由于其对逆向思维的运用，使得原本常规中视为缺点的部分变成了优点，最终获得了新的创意思路，从而创作出让人耳目一新的服装。

4. 同构思维方式的运用

在创造性设计思维中，同构思维方式是最为准确、直观、生动的表达设计意图的方法，是根据设计主题，以寻找不同事物在形式与内容、表象与内在上的共同之处而展开创意性想象和设计构思的思维方式。将两个或两个以上的相互有联系的设计元素按照一定规律加以构成、排列和融合，通过具象的形传达出来。对于“同构”我们可以简单地理解为两个或两个以上的事物之间存在结构上的相似性，事物之间具有共同的结构特点或倾向，这种结构上的相似性，即“相同结构”；也可以是一个事物中的某两部分共用同一个连接体，我们也可以把他们视为，“你中有我，我中有你”的“共同构成”。在设计过程中，把长期积累的知识融会贯通，寻找相似性和相互合成的连接点，这是同构思维方式所强调的“求同”方法，对设计主体进行多角度的审视和挖掘，以创造出一个既能够传达设计意图又具有主题内涵的全新形象。这种同构思维方式在工艺美术设计、平面设计、广告设计中较为多见，例如在中国工艺美术史中，吉祥寓意图案在明清时期盛行，通过同音、同形或同意的组合方式将典型的动植物形象或事物进行图案组合，从而传递出人们心中对美好生活的祈愿，如图 2-3 中，中国传统吉祥纹样“凤穿牡丹”，凤为鸟中之王；牡丹为花中之王，两者的王者之风象征着富贵；丹凤结合，象征着美好和祥瑞。类似这种同构的吉祥图案设计至今在许多服装设计中被视为中国风格的代表形象应用在设计中。

图 2-3　缂丝凤穿牡丹团花

5. 联想思维方式的运用

联想思维就是在一些外部因素的影响下，出现在不同现象间的联系性的思维活动，是对信息进行收集、判断、整理、分析等操作的具有规律性的心理运动形式。通过具象与抽象的载体，对联想思维进行可视化呈现。在设计构思中，联想思维是灵感来源的重要方式，它可以让人类的心理活动从一件事关联到其他事物，从而产生创造性的灵感，为设计服务提供服务，联想包括三种类型，一是类似联想，二是对比联想，三是因果联想，各种事物之间之所以会发生联想，是因为其内部之间必然是存在联系的。类似联想是因为事物之间在外部形态上相近，而引发的联想衍生，其特点是具有相似性与某种共性，这种存在于表象的相似性，对于创新思路具有一定的引导作用。

而对比联想是用相反或相互矛盾的事物间形成相反的延伸和连接，这种表象之间的对立性常常会引发逆向思维；因果联想指的是由两个事物间存在的因果关系而衍生出的联想，表象之间的特殊关系引导着创意思维的展开，就像阴天时我们联想到下雨等，这种联想思维方式强调的“现象分析”的方法，不仅仅会衍生创意思维，而且具有一定的说服力，从根本上解释了一系列形式表现的关联关系，揭示了其产生的内在具有一定逻辑性的原因。在设计实践中这种或以形似，或以意通，或具有深刻的寓意等联想方式深化了人们对灵感来源的认识，拓展了设计者的想象力，从而产生了新的形象去表达设计主题。[①]

（三）服装设计灵感主题的表现

在服装设计领域，可以将灵感看作是一种突然出现的具有创造性的思维。首先是要打破常规，通过创新思维酝酿出新的设计，从而展现服装的独特魅力，对灵感进行延伸或者总结概括，抑或者另辟蹊径，在服装造型结构、风格表达、意境营造等各个环节中体现出来。每一位服装设计师都有自己记录灵感的方法，可能会使用文字记录、拍照等各种方式，用画笔、电脑等工具把记录的灵感片段进行归纳整理，然后再进行新的创作，最后通过服装的语言对感受到的灵感加以诠释。

在进行服装设计时，首先要去搜集大量的相关资料和信息，量的积攒才能引发质的变化，对于时尚行业而言，每一个季度的变化，都会引发很多服装在色彩、款式、面料等多个方面的变化，这些细化的变化促使服装设计师不得不掌握分析大量资料信息的能力，然后从中获取更多的素材，激发自己的创作灵感，在创作初期，灵感具有对设计理念进行支撑的作用，所以，前期的资料分析与整合是服装设计过程中非常关键的一个环节，如果没有敏锐的感知力和资料的鉴别能力，就很有可能被大量的流行信息弄得晕头转向。因此，设计师一定要不断学习，充实自我，提高自身的创意能力，从而适应如今千变万化的服装趋势，然后从中提取新的灵感，将其运用到自己的作品中，使自己的创作更具生命力和感染力。总而言之，服装设计灵感主题是基于灵感与灵感形成而表现出来的，再与服装的风格和灵感产生的特征相结合，运用灵感思维对服装设计进行风格与深化，使灵感来源与设计之间产生联系。

① 朱琰．服装设计的灵感和艺术表现[J]．艺术百家，2009（S1）：57-58.

第三节　服装设计的创意思维

一、创意思维的本质与特征

在人类文明的各个时期里，始终都离不开“创意”一词，人类创造出了工具，从而真正使自己和动物明确地区分开来，人类会对以往的实践进行分析与总结，在创意思维的作用下不断制造出新的事物，不断推动着时代的进步，就创意思维本身来说，它是很多思维组合在一起的整体，它可以使人类不断突破常规，不断提高思维能力，从而改造客观世界。

（一）创意思维的基础

创意作为人类的一种思维方式，其中包含了多种思维方式，在实践过程中往往有多个思维方式共同进行，其中逆向思维、侧向思维与比较思维是创意思维中较为重要的部分，它们是创意思维方式的根本，它们贯穿创意思维的始终，决定着创意思维的走向与成败，是创意思维的基础。

1. 逆向思维

逆向思维是和正向思维相反的思维，它颠覆了常态思维，具有反常规的特性。逆向思维不仅会打破以往的思维定式和由于经验而产生的僵化的认知模式，同时还会最大限度地追求思维上的“标新立异”，从相反的方向去观察那些已成定论的事件，从而获得更广阔的视角和处理事件的方法。因此，逆向思维还有一个叫法就是分析性思维。该思维方式的特点就是侧重于站在不同视角上在不同的时空里找寻解决问题的方法，使问题的结局得以拓展和延伸。从文学的角度而言，逆向思维是从单一形态拓展至多样化形态的思维品质，只要将这样的思维运用于主体创意中，大脑就会改变以往的行进方向，从而产生更多新的形象、看法、哲理以及时空，进而在不经意间产生新事物。

2. 侧向思维

侧向思维还叫作旁通思维，其思路和方向是不同于正向思维的，侧向思维是从正向思维的侧边开辟出来的新思路，是具有创意性的思维。

通俗点说，侧向思维表达就是利用其他领域的知识从侧面寻找解决问题的方法的思维形式。

3. 比较思维

在创意思维中，比较思维具有非常重要的地位，这种思维方法虽然具有隐藏式，但是对于创意思维的发展而言，其具有很大的推动作用。就它的基本过程及思维方法而言，其基本的目标是对事物间的异同关系加以明确，这对于创意的激发本身就有着非同一般的作用。在产品设计的过程中，设计师总是会从整体上对新事物与旧事物的高度进行比较。而比较思维就是对这两个创作对象的异同之处进行确定，因而在现代创意设计思维中，比较思维已经是最基本的思维方法之一了。不管是设计师对生活的认识，还是设计师对表象的重整，都要先利用比较思维进行比较。

（二）创意思维的本质与特征分析

在设计产品时运用创意联想思维，就要求设计者积极寻找新的创意与发现，不断产生新的创意思想。创意推理和一般的推理思维方式设计是不同的，对于一般的推理思维方式设计而言，其主要的目的就是在特定知识范围里对现有知识的概念和体系进行逻辑性的分析和表达，而创意推理思维也不同，其最基本的特征是反常规的、立体的、综合的、发散性且碎片化的。对于一个新的工业设计创意作品来说，这种艺术的创新型与科学的创造性是要特别重视的。

通过思维联想、想象、聚散、灵感等多种思维方式的应用，寻找出新的创意思路，设计出更为独特且在视觉上给人震撼的新作品，从而更好地满足现代人不断变化的思维联想与视觉感受需求，不断为人类社会提供新的信息。

1. 创意思维的本质

创意思维的本质是原创。对于现代的设计师来说，开拓设计方法、提高敏锐的时尚潮流观察力是非常重要的课程。如果设计师能够很好地解读当下市场发展的前景，就能更好地了解消费者的需求，从而在自己的创意中体现出来，使设计生活化。在实际生活中，很多设计是很难满足人们的口味的，如果了解了人们的需求，就可以将其与创意思维更好地结合，使原创得以发展，多种思维也可以从人们不同的声音中得到改进，使原创设计作品不仅符合设计师自身的想法，还能与市场的需求定位相契合，同时也有助于自身定位的明确。原创设计不是去完善现有的事物，也不是对已有的概念从其他方向进行注解，原创设计不只是产品的一种表现形式，而是要打破常规，以一种全新的面貌给人强烈的视觉冲击。原创设计从根本上还是要为大众服务的，只有面向市场，才能体现其价值，只有被人们接受了，它才算得上是好的设计。

2. 创意思维的工作机制

创意思维主要表现为当人们认为自己有重大问题时，会通过分析问题的方式找寻解决问题的方法。运用多种思维方式如发散思维、逆向思维等改变自身的视觉美学元素，对这些视觉元素进行变形、重新排列、再变化的操作，从而形成新的视觉元素。现代视觉艺术表达是通过创意表现生动感人、合情不合理、具有视觉冲击的综合表达形态，这样的表达并不是针对事物的本质进行的客观验证与判断，而是在这样的求同存异中寻找新奇感。并且，在当代视觉艺术创意设计中也应该有可以打破常规的设计，通过跳跃的视觉思维表达模式，使最终的创作展现出时断时续的、感性的视觉思维模式特征。

在当代艺术的设计创意创作过程中，设计者可以凭借敏锐的洞察力发现事物的问题所在，然后以已有艺术资料为依据，设计并创作出具备艺术创意前瞻性的作品，并建构出新的内涵。主观与客观世界是存在矛盾的，并且二者是处于相互运动的状态的，在建筑设计发展过程中，作为设计师的主体思维观和活动方式必然是在矛盾的相互对立中持续进行并不断变化的，并且推动着设计创造思维模式的不断发展。创意产品思维设计进程的整体性、飞跃性一直是产品创意思维的本质要求，在具体的产品创意设计过程中，综合运用多种创意思维方式进行整体创意设计，同时通过增强创意设计思维的整体拓展性，实现彻底超越、逃脱传统原有的创意思维进程模式，进而实现创意思维的整体飞跃。

3. 创意思维的特征

创意思维通常会使不同对象进行随机且自由的组合。在主题的表达上，创意思维应该是新颖且流畅的，创意思维的最终目的是能将其中的创新技术成果准确、有效、流畅地进行揭示和公开，并表现或达成新思维概念、新思维设计、新思维模型、新思维方式等，这是创意思维表达和拓展中的重要组成部分。由于创意者在思维方式上具有多向性和求同立异性的特点，因此创意思维活动具有综合性、灵活性、突发性三大特点，而其产生受个人生理、心理素质等的综合因素的制约。

二、创意思维的类型

创意思维以多种形式出现，它们是创意思维能够准确运用到设计中的根本，也创意思维能够以多种方式被体现出来。

1. 逻辑与形象

创意思维活动的形式多种多样的，其中比较关键的两种思维是逻辑思维以及形象思维，在创意思维中，二者起到了承上启下的作用。按照具体思维活动是否能够准确地遵循逻辑思维的形式与方法，大致可以将其分为直觉思维形式和分析思维形式；按照对思维的运用水平及其凭借物的不同，又大致可以细分为动作形式思维、形象思维与抽象思维。在创意思维不断拓展的过程中，逻辑思维与形象思维二者通常是交叉进行的。其中形象思维会站在哲学感性的角度通过想象的方法，从一个具体的事物或者事物的表象出发，不断发展变化到表达意象的一个过程。在形象思维的设计过程中按照系统理性的思维方式进行逻辑编排，通过分析、判断、推理的多种方式运用来准确表达创意思维所要表达的主题和内容。

2. 发散与聚合

发散思维一般始于事物的某一项特征，充分发挥想象力，使思维进行多个方向的发散，从而对多个问题的多种可能性进行探索。聚合思维一般是以自己所掌握的经验出发，或者是从已经掌握的资料入手，来总结解决问题的方案。在创意思维中，这两种思维方式是结合在一起，并且循环进行的，在每一次的循环进行中使具体思维得到拓展，直至人们对创意设计有了认知。从人的思维行进逻辑上讲，聚合思维就是思维向一个方向汇聚的过程。这基本上是相对发散思维逻辑的行进方向来说的，汇集就是向已确定方向推进的过程。

发散思维的应用就是以事物的一个方面作为出发点，与理论知识相结合，从而使这一事物可以多次向多个方向展开思考和联想，且不断创新，最终获得研究结果以及多种解决问题的方案。发散思维行进的方向通常是指从一个点出发，向多个方向行进的思维过程，在此过程中，以人自身的创造力作为重要的基础，对于创意思维来说，发散思维一直处于一个中心，是其重要的组成部分，一个人要想实现自身的创造力，就要依靠发散思维进行清晰地识别，从而获取解决问题的方法的途径。之所以会这样，是因为如果从我们已掌握的经验和已有的解决办法出发，是难以产生很多创意思维产物的，因此，我们应该把聚合与发散这两种思维结合起来应用。具体过程为：先用发散思维对认知的思路进行扩宽，使自身的视野得以开阔，提出新方法、新思路，再将各种思维方式聚合起来对事物加以分析和比较，最终找到正确答案。

3. 横向与纵向

横向思维、纵向思维都是综合思维，它们的核心都是比较、分析以及综合。由于它们在思维的角度以及运动的方向上是不一样的，因此，才会被分成纵向和横向这两种思维。前者就是把事物放在不同历史时期进行综合性分析，从而揭示事物的特点以及前后关联，以对事物的本质和规律进行把握的思维过程。由于该思维方式主要是从某一事物的过去、现在和将来，以及对同一时期事物不同发展时期的历史比较、分析和论证综合中可以推断将来，纵向逻辑思维对一个事件的解析往往是一种或然性的横向思维过程。而横向思维通过揭示人类历史上的某一历史横断面，从研究并存具体事物、现象事件及其内部诸物理要素间的内在空间的相互关系等多个方面，揭示并存事物的内在发展周期变化及内在规律性。

由于任何一件事、物都处在极其广泛的一种空间横向联系之中，因此，我们可以称一个事物的这种横向联系为空间横向联系，根据这种空间联系方式进行的思维方式被称为横向联系思维。由于目前横向逻辑思维主要是把各种事物关系放在思维空间上的普遍空间联系、复杂空间关系相互作用的一个过程之中去进行分析，横向思维主要有以下几个特点，首先是共同性，即研究同一个空间中事物所表现出来的几个方面之间的关系。其次是横断性。是指在对某一事物的各种横向思维比较中，把理论研究的重点放在其与事物的普遍作用联系中，充分揭示展开其与事物各方面的相互作用，从而充分揭示其在纵向比较思维过程中不易被人察觉的潜在问题，发现自己的根本优势或潜在弱点。最后是开放性或广阔的发展空间性。它把一个事物置于广阔的思维空间，置于丰富多彩的复杂人际关系中，在周围不断开放的信息环境中，不断地向它输入和输出它所转换出的信息，增强与外部的联系，吸收在其他方面的长处，增强活力，充实自身，提高自己。

横向和纵向思维结合起来，能够对事物进行更加全面的分析以及评价，对辩证主义思维的整体特征进行了突出体现，使辩证思维的分析方法在科学时空观的科学性得到了提高。二者历时性、整体性等的基本特征为现代人创造性思维活动的不断开展提供了重要的前提条件，使人类思维表达方式在未来的现代化发展上开辟了新的道路。

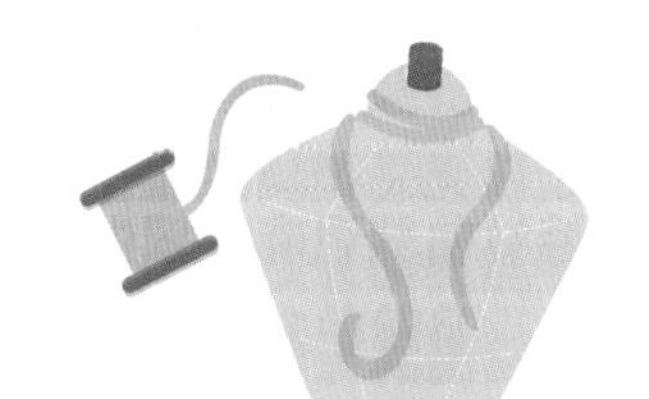

第三章 “古典”服装设计风格的创意表达

第一节 服装设计中的巴洛克、洛可可风格表达

一、服装设计中的巴洛克风格表达

（一）巴洛克艺术的起源与特点

服饰文化记录着历史，蕴藏着一个时代的记忆，蕴含着一个时代人们美好的智慧、思维和情感。巴洛克服饰的制作工艺极其精湛，其服饰所散发的魅力非一般服饰所能比拟，无论是极致柔美优雅的公主气质，抑或是恢宏强大的女皇气场，均彰显出一种与众不同的服饰风尚，成为奢华生活的象征。人类内心的美好与期盼可以通过独特的服饰表达出来，每个时代有着各自独特的艺术风格，而此类艺术风格又影响着同一时代的艺术形式。自 17 世纪开始，欧洲各艺术门类逐渐丰富起来，不同的艺术门类内部演变出众多独具特色的艺术流派，这些源于人类文化发展中，人类文化自觉意识的逐渐觉醒，形式各异的艺术门类与流派之间彼此借鉴与学习。以巴洛克服饰为例，由于受到巴洛克时期建筑风格的影响，出现了一种仿照巴洛克建筑中窗帘设计风格的衬裙，此类服饰极具夸张、

繁复的鲜明特色。回顾历史，15 世纪航海技术的发明，使得欧洲强权开始肆无忌惮地扩张自己的势力范围，掠夺原本不属于自己的财富。西班牙与葡萄牙是最先扩张殖民地，大肆掠夺了财富的国家，紧接着便是荷兰、英国与法国。

整个 17 世纪欧洲都处于一个殖民扩张，掠夺财富的历史阶段，众多新贵族在这一时期产生并崛起，他们的物质财富得到了极大丰富，与此同时开始追求高品质的生活，而此时欧洲的文化艺术中心也已经由罗马转移至巴黎，当时巴洛克风格盛行一时，这一艺术风格也深刻影响了当时欧洲服饰的发展。

巴洛克艺术风格产生于 16 世纪后半叶的意大利，它是最早具有宗教色彩的艺术风格，可以说，该艺术风格蕴含着大量的基督教思想，其产生与发展也受到了当地教会的大力支持。17 世纪至 18 世纪巴洛克艺术风格风靡整个欧洲，以德国与奥地利为代表，极具奇异、奢华、动感以及壮阔的鲜明特色。当时的巴洛克艺术流派被古典主义流派所排挤，而此时的欧洲也正处于社会制度不断更迭的历史时期。英国爆发内战，使得人们已经无暇顾及衣着打扮，此时意大利日益衰落，而法国逐渐崛起并强大起来。在中央集权的法国，贵族们过着极其奢华的生活，他们在富丽堂皇的宫殿内举行各类宴会与舞会进行娱乐消遣，使得豪放、气势宏大等特征在欧洲服饰等艺术领域中尤为凸显，从当时众多优秀的艺术作品中可以领略巴洛克艺术风格极具创意的艺术思维，感受到其独特的创造技巧与美妙绝伦的精彩构思。直至 20 世纪前半期，人们才慢慢开始接受巴洛克独特的艺术风格，并给予了较为科学与客观公正的评价。该风格的形成符合历史时代的发展需求，极具创造力，奇特、新颖、动感、变化等是其特有的艺术特色，巴洛克善用对比艺术效果，融合了多种艺术元素，使得该艺术形式极具戏剧性的色彩。

（二）巴洛克服饰风格的产生与发展

法国路易十四统治时期，法国服装风格在欧洲盛极一时，其服装奢华、繁复的艺术风格深受当时宫廷贵族们的青睐，巴洛克式的服饰风尚很快在其他国家传播开来。此时欧洲的文化艺术中心在法国巴黎，当时的女性服装设计多褶皱，裙摆上装饰有复杂的花边以及绸带，领口处配有带花边的丝绸蝴蝶结，领口设计开口较大，将女士性感与唯美的一面展现得淋漓尽致，衣袖设计为上宽下窄的羊腿袖，并在袖口处设计有多层的蕾丝花边，腰线上移并加以收腰处理，将女士轻盈俏丽以及优雅迷人的特质充分展现了出来。后期在服装设计风格方面发生了变化，开始崇尚自然，追求一种和谐与自然的完美统一。下半身裙子设计为蓬蓬裙，裙摆上装饰有大量的绸带、五彩花边以及褶皱，这一艺术灵感来源于当时巴洛克建筑内的窗帘，裙子上还装饰有大量的水果与花卉的刺绣纹样。

巴洛克风格的服装为后来西方不同艺术门类与流派的形成与发展奠定了一定的基础，促使人们的审美认知得到了不同程度上的提升，为之后西方其他艺术风格的形成提供了借鉴与参考，巴洛克风格具有强大的艺术生命力，其服装彰显出高贵华丽与神秘的艺术气息。打破了以往古典主义艺术流派所主张的均衡与理性的制约，在艺术创作方面独树一帜。其发展总共经历了三个阶段，分别是巴洛克女装早期（1635 年）、巴洛克女装中期（1639 年）、自然形时期（1660 年—1680 年的女装）。古典主义文艺复兴时期的艺术创作强调中规中矩的设计思路，而巴洛克艺术风格打破常规，充分发挥创作者的想象力与创造力，推陈出新，强调一种不规则与动态、洒脱的美感，极具强烈的戏剧性。可以说，巴洛克时期女装崇尚自然与和谐的统一和极富动感的优雅，服装造型设计能够很好地凸显出女性的曲线美。由于巴洛克风格服装深受当时宗教文化的影响，因此，该类型的服装可以将女性圣洁、神秘与高贵的品质衬托出来，令人印象深刻。

（三）巴洛克风格服饰的特点

巴洛克的服装风格在 17 世纪初期主要以荷兰风格为主。从结构角度与服装造型方面来看，它逐渐摆脱了文艺复兴时期中规中矩的造型风格，在 17 世纪上半叶，无论是女装还是男装都强调舒适与自然的设计风格。服装设计方面除去了以往复杂夸张的创作元素，使其变得更加舒适与轻盈。

17 世纪下半叶，由路易十四统治的法国波旁王朝，政治稳定，经济繁荣，对外贸易快速发展，在一定程度上推动了制造业的发展，这一时期的法国在欧洲占据着重要的地位。男装开始逐渐向女性化方向发展，追求繁复与变化的美感，女性服装则彰显出一种富丽华贵之美，在服饰方面配有大量的绸带、蝴蝶结、刺绣以及蕾丝花边等复杂饰物，服装造型体现出夸张、大胆的创作思路，服装色彩饱和度较高，在鞋子制作方面，通常采用的是高品质的材质，如锦缎、皮革以彰显巴洛克风格的精致与奢华。

1. 束腰

束腰是巴洛克风格服装的重要标志之一，该时期的女装主要突出女性的曲线美，尤其是显示出女性臀部与胸部的丰满感，束腰就是在这一服饰风尚的引领下应运而生的。当时束腰成为风靡一时的服装时尚元素之一，束腰的出现使得女性的线条美得以充分展现，出于对健康的考虑，人们将以往笨重的大裙撑换成了相对轻盈的蓬蓬裙，在裙摆各处都装饰有精致的蝴蝶结以凸显女性的俏丽与娇美。

2. 蕾丝

从制作方式来看，蕾丝分为两大类：一类是刺绣的针刺手法，一类是来自编绳技法的梭结蕾丝。蕾丝在当时受到了众多女性的喜爱与追捧，它所流露出女性的神秘与性感之美，使其一时间成了时尚的代名词。巴洛克时期无论男装还是女装，在衣片的接缝处都会装饰有大量的蕾丝花边，包括袖口处、领口处以及前胸处都会设计出不同样式的蕾丝饰品，这一元素将巴洛克服装风格所追求的复杂之美展现得淋漓尽致。

3. 多层次皱褶

多层次褶皱在巴洛克服装中随处可见，无论是女装裙的下摆处，还是男、女服装的袖口与领口处均可见大量的褶皱设计，多而繁的设计特色得以充分展现。这一时期的女装裙摆大多会采用多层裙衬，配有腰线处堆积多层褶皱的艺术加工来代替以往大裙撑所带来的蓬松感，极其符合巴洛克时期所提倡的繁复之美，以繁为美是这一时期显著的艺术特征。在鲁本斯的画作中依稀可见经多层次褶皱处理后的裙子所彰显的自然华丽之感。通常来说，裙子的内衬颜色比外面的裙子颜色较浅，并配有大量的刺绣纹样，尽显奢华，可以说，巴洛克时期多层褶皱的艺术处理方式已经被应用到了极致，其中，胸部造型也进行了进一步的改进与优化，使其能更好地将女性的浪漫特质烘托出来。

二、服装设计中洛可可风格表达

（一）洛可可风格溯源

洛可可（Rococo）源自法语 roaille，译为“（奇特的）岩石群”，随着时代发展，洛可可后来特指使用特殊物品（如贝壳、岩石等材料）作为装饰的一种艺术风格，直至 18 世纪初期，此艺术风格在欧洲得到飞速发展，并逐渐演变成一种艺术思潮。“它表明了一种在以前的岁月中相当稀少的对于优雅和舒适的需要。在风格方面，洛可可式一方面继承了巴洛克式表面结构的复杂性，另一方面它把这种复杂性处理为纯粹的装饰，仅仅以其吸引眼睛和取悦感官的程度为取舍标准。”① 该风格早期常见于装饰艺术与建筑室内设计中，通常特指贝壳与岩石等装饰物，崇尚自然为主要特征，无论在工艺、结构还是线条的处理方面都表现出一种婉转与柔和的特点。具体来说，洛可可风格的特点可以描述为“具有纤细、轻巧、华丽和繁缛的装饰性，多用 C 形，S 形和涡卷形的曲线和艳丽浮华的色彩作装饰构成”。②

洛可可早期的形成具有一定的戏剧色彩。17 世纪的法国逐渐出现了巴洛克艺术风格，如贝壳状的装饰物与花园上、假山洞上的岩石状堆砌物统称为“罗卡伊尔”，也就是岩石（rock）的意思。也有人认为洛可可风格可以称为巴洛克艺术的晚期风格，极富装饰性的视觉效果，带有一定的不规则性与怪异美。“雨果说：‘洛可可只有发挥到荒谬绝伦，才看了顺眼。’这时洛可可又没有贬义。”18 世纪上半期，正在“罗卡伊尔”风格盛行之时，被称为“洛可可”的装饰风格主要是日耳曼的译称，它也波及意大利北部，并通过奇彭代尔（18 世纪英国的家具大师）风格传入英国，但影响要小一些。

洛可可作为一种极具特色的艺术风格，总共历经三个发展阶段，分别为萌芽阶段、鼎盛阶段以及消亡阶段。

从 1730 年起，洛可可风格在中欧超越了巴洛克潮流。17 世纪的法

① 麦克利什．人类思想的主要观点：形成世界的观念（下）[M]．查常平，刘宗迪，胡继华，译．北京：新华出版社，2004：1270.

② 张夫也．外国工艺美术史 [M]．北京：高等教育出版社，2006：234.

国，在文学创作领域深受意大利巴洛克风格的影响，并且伴随着法国路易十四势力的不断壮大，巴洛克风格逐渐成为欧洲王权的象征。其在不同的语种中的语义也有所差别，具体来说，在意大利文中特指“暧昧可疑的买卖活动”，起初被戏称为怪异的文学艺术风格；在中世纪拉丁文被翻译为“繁缛可笑的神学讨论”“荒诞的思考”；在西班牙文与葡萄牙文中特指“不合常规”“畸形珍珠”等。文艺复兴后，巴洛克风格传入法国，表现出一种浮夸华丽之感，其在装饰设计方面具有与众不同的艺术魅力，其风格充满动感，恢宏磅礴、震撼人心，使其更像一种潮流而非风格。

法国路易十四统治时期，连年发动对外战争，不断扩大自己在海外的影响力与势力范围，给国家带来了财政危机、人口锐减、粮食紧缺，致使民众赋税繁重、苦不堪言，迫使他们不断暴乱；与此同时，同一时期逐渐发展起来的商业资产阶级崭露头角，越来越多的人渴望秩序与和平。

民众对路易十四末年的专制统治普遍感到反感，追求自由的思想萌生。国民被压抑的人性迸发了出来，加上王室贵族们产生的一种及时享乐思想，路易十五上台后，更是过着奢侈荒淫的生活，他要求艺术为他服务，成为供他享乐的消遣品。那种壮丽、严肃的标准和深刻的艺术思想已不能满足他们的要求，他们需要的是更妩媚、更柔软细腻、更琐碎纤巧的风格，来寻求表面的感官刺激，洛可可风格便是在这样一个极度奢侈和趣味腐化的环境中产生的。

伴随 1715 年路易十四统治时期的结束，洛可可风格逐渐代替巴洛克风格在法国盛行起来。“当路易十五时代代替了路易十四的时代时，艺术的理想从雄伟转向了愉悦。讲求雅致和细致入微的感官享受遍及各处。”最初由路易十四的弟弟奥尔良公爵菲利普五世辅佐年幼的路易十五。由于奥尔良公爵痴迷于艺术，是一个十足的艺术收藏家，对当时国家文化发展产生了一定的影响。这一时期的艺术风格既保留着路易十四时期的庄重风格，又具有一定的随意性艺术特征。

18 世纪初期，路易十五开始掌权，随之洛可可风格逐渐在法国兴盛起来，直至新古典主义风格的出现。从 1730 年起，洛可可风格逐渐被广泛应用于各大领域，贝壳装饰与不对称逐渐成为这一时期的代表性特征。有的学者将洛可可风格划分为两个时期，即初期风格与二期风格。初期风格主要是指1750年之前的洛可可风格，其特点具体表现为蜿蜒曲折、呈波浪形，也被称为洛可可最大化的发展时期；二期风格倾向于新古典主义形成前期的风格特点，在“罗卡伊尔”日益泛滥的反思中，古典主义艺术思潮逐渐复苏，当时的装饰风格已经趋于高雅与平和，复古风潮再次袭来。随着路易十五统治时期的结束，奥地利公主玛丽·安托瓦内特成为路易十六的王后，艺术风格随之发生改变，具体体现在艺术风格的古典情趣与异国情趣方面。复古思潮兴起，洛可可风格热潮逐渐退却，并形成了全新的新古典主义艺术风格，玛丽王后被世人看作“新古典主义”的推动者，与同一时期的蓬帕杜夫人共同主导着这一时期的主流艺术风格。

（二）洛可可风格在现代服饰品牌中的设计理念

洛可可风格发端于法国在情理之中，法国核心——巴黎，更是享誉全球的艺术之城、文化之都，甚至巴黎城本身，就是一件精美绝伦的艺术品。朱自清在《欧游杂记》中这样描述巴黎：“他们几乎像呼吸空气一样呼吸着艺术气，自然而然就雅起来了。”“全世界人对于法国的印象当属‘浪漫优雅’当仁不让，马振骋在《镜子中的洛可可》一书中写道：因而你是独一无二的，他是独一无二的，人人都是独一无二的：不是独一无二也做不到。各人的事各不相同，对于同样的人与事，各人的看法也各不相同。”[①] 洛可可风格的深刻就在于它是一朵实际并不存在的理想之花，被灌溉成了举世无双的奇葩，每个人都在心里给予了这些幻想假想的空间，并且坚定不移。

风靡的世界里承载了知识分子们隐含难觅的理想，成为一面返照历史的镜子，人们看到洛可可不禁想起浮华的“宫廷戏剧”，但是需要澄清，任何一种风格都不是纯粹点、线、面的构成，每一种风格的产生都代表着当时人们的思想和追求，借用洛可可来影射的天国般的理想美梦没有实现，再美的“乌托邦”也只是虚无的美好，但在被战争（法国大革命运动）重新席卷之后的几个世纪里，洛可可作为一种宫廷风格渐渐走进大众的视野，在近现代的服装界中占据着重要的地位。

① 马振骋．镜子中的洛可可[M].上海：上海社会科学院出版社，2004.

1. 复古

“所谓‘复古’泛指一种文化现象，在服装设计领域里‘复古’既是一种设计理念，又是一种造型风格。作为一种设计理念主要是对历史上某一时期的着装思想的复古，而作为一种造型风格的复古则是指历史上某一具体款式或造型细节真实再现在当代服饰中。实质上，这两方面往往交替或同时出现在复古风格的服饰中。即一种复古思想指导之下的某种复古造型风格的服装的再现。”① 复古是一种思想或者风格的重现，近年来服饰界不断出现的以蕾丝、雪纺、丝绸、荷叶花边等为设计元素的设计风格延续了欧洲的宫廷风格，在《服装美学教程》一书中提到，服装设计师卡莱汶·克莱恩（Calvin Klein）将服装的流行看成是一个渐强和渐弱的过程，统计从 1913 年至 1915 年的女性裙子下摆的变化规律后得出，裙子下摆的长短会出现一个不规律的从长到短，然后又从短到长的变化周期，这个有趣的统计证明了服装的风格几乎是在不断的循环往复当中呈渐强或者渐弱的周期性变化，复古的潮流就是服装风格不断从新事物的产生到对旧事物的怀念的过程。“变化是永恒的，稳定是暂时的，稳定中就有变的因素，变中也有不变的机理，稳中求变，变中持重，连续性中有离散性，离散性中有连续性。这是过程和谐。”② 复古的思绪和灵感在不断出现的新事物上留下印记，就像法国 17 世纪伟大的古典主义绘画大师尼古拉斯·普桑的绘画那样，他推崇文艺复兴时期的作画风格，他作品中人物的服饰都效仿古希腊的雕刻风格，他一贯坚持着对前人的继承，因为他认为任何新风格的产生都是来自对前人的模仿，这个被称为“法兰西绘画之父”的画家在这样的学习和创作中奠定了法国的绘画基调，可以说没有普桑就没有后来的法国绘画。创新不是简单思想的异军突起，而是在不断复古再形成的新风格，这个新的风格跟随着艺术家和时代的发展呈现为曲线式风格周期，所以说，风格的复古不仅仅是一种怀旧，更多的是一种创新，或者说是新的开始。③

洛可可风格的没落时期，“新古典主义”风格再次复苏，新古典主义

① 杨祖功，王燕阁，晓宾，等 . 法国 [M]. 重庆：重庆出版社，2004：508.

② 哲毕虹 . 谈“复古风”在当代服装设计中的运用 [J]. 中国传媒科技，2012（8）：244-245.

③ 徐宏力，关志坤 . 服装美学教程 [M]. 北京：中国纺织出版社，2007：120.

并不单纯是对文艺复兴时期古典主义的重复，更多的是社会风气下的改良运动，是洛可可服饰风格和古典主义风格的融合，这样的风格符合历史进步的要求，也是风格曲线螺旋式进程的反映。

2. 大众文化

大众文化是一个现代性的问题，“大众文化”一词最早出现于西班牙著名的学家思想家奥尔特加·加赛特（Jose Ortega Y Gasset）的《大众的反叛》一书中，主要是指一种被大众接受的新的文化。洛可可风格服饰在 18 世纪的法国是贵族的主流服饰，没有普及到大众，这样的狭隘导致了贵族和民众以及新兴资产阶级的隔阂，不能算是大众的文化。随着时代的进步和人民生活水平以及审美眼光的提高，服饰风格不再局限于某一个社会阶层，这得益于经济和技术的发展，成批量的生产工艺得到了允许。洛可可风格服饰奢华昂贵，不是所有人都能够消费得起的，普通大众的着眼点则更加关注生存，无力承担这种服饰的开销。

大众文化越来越倾向于日常生活化以及实用性。俄罗斯哲学家车尔尼雪夫斯基说:“美是生活。”他坚持现实生活的美高于艺术美，艺术的目的是再现生活，无论是何种事物，只要是可以用肉眼看到的，以及大众发自内心普遍认同的生活，都可以称之为是美的事物。任何事物，凡是彰显生活或者使我们联想到生活的，也都可以称之为是美好的。这一美学观点不同于高级文化，更不是阶级的产物，而是一种反映生活的文化，是与老百姓的生活休戚相关的生活之美。洛可可风格的阶级标志和贵族化的褪去是这种风格更加大众化和生活化的进步，取其精华，去其糟粕，洛可可风格的服饰文化脱离了 18 世纪的大环境而更接近大众也更加符合大众的审美，和谐而且合理的风格成为新时代的洛可可精神和文化，可以说这是一个大众的时代。

大众文化不是普及文化，大众文化不是自发的，它与自发的文化意识有着明显的区别。人与人之间是不同的个体，大众文化不是从众更不是放弃自己的原则而“随波逐流”，美国心理学家伊丽莎白·赫洛克的《服饰心理学》一书中这样写道：“今天没有一种迫使我们接受某种服装样式的法律，没有一种时髦是靠强力施加在个人身上的，对一个人来说，选择哪一种服装样式是他的自由，历史有过禁止低层阶级穿某种衣服的法律，但是没有一种要求他们必须接受某种颜色或式样衣服的法律。”大众文化的接受或许不是法律的强求，但更多的人是出于一种从众心理，这种从众的心理是心理学上所谓的寻求认同感和安全感的心理现象，18世纪的洛可可风格服饰却是一个不那么给人的从众的认同感，或者说只是体现一个阶层的认同和安全感的服饰，而新时代的洛可可服饰更加趋向大众的审美文化。

3.时代品味

“时运交移，质文代变”。中国古代南北朝文学家刘勰在1500多年前一语道破了时代的含义，这是社会主义新时期提倡的“与时俱进”。人们对服饰风格的接受依赖于当时社会的大众品味，服装的美在不同的时代出现不同的精神追求和审美品位，美不是一成不变的，洛可可风格在18世纪和21世纪是两种完全不同的表现，现代洛可可服饰的风格更倾向现代的审美标准，这是时代进步的必然。当时贵族追求的美是宫廷化的华丽，追求的是服饰表面的装饰以达到外在显示牵动内在内容的目的，这是一种视觉特征。现代服饰更强调简约化，迪奥的服装品牌设计理念认为衣服的切线越少越好，简约化的服饰是以人为中心而不是以衣服为中心，由此，现代服装设计美学中出现了“减法设计”，要懂得舍弃，就像罗丹那样为了追求整体的美感毅然将雕塑作品《巴尔扎克》的手砍掉，他说：“一件真正完美的艺术品，没有任何一部分是比整体更重要的。”如此的舍弃反而是增加，减少的只是要素但增加的却是作品的效果。对待新洛可可的服饰风格，简约是首先需要面对的问题，但简约并不是简单，在去掉多余修饰的基础上要增加更多高质量的服装美的因素。洛可可风格服饰的现代设计是有意识的选择的，十分精致并且返璞归真。

鲸骨架紧身内衣和缠足都是历史上出现的以改变女性形体为代价的美化手段，这些以身体的剧痛和以健康为代价的“矫形”近似一种枷锁，是对人的摧残和一种病态美，不能成为美的追求方式，在中国古代服饰中以封建礼教的传统思想而掩盖人体的保守思想，也不是以人为本的科学观念。人本化的穿着思想是比较接近西方的观念，服饰作为人体陪衬才是比较开放和自由的观念。洛可可风格服饰的装饰性是以服装的装饰为主，夸张的装饰来自穿着者的内心理想，思想的表达不应被荒谬的外表代替，繁缛的装饰反而与洛可可精神本应有的服饰文化相差甚远，洛可可风格服饰后期的不加节制确实是失败的。

新时代的服饰风格是顺应历史潮流而发展的，服饰的风格没有了国界，多元化和时尚个性的品牌服饰纷至沓来，各种前卫的、传统的、非主流的、复古的服饰风格琳琅满目，更没有了所谓的阶级限制，随着审美眼光和经济水平的不断提高，服饰的流行跨越了国界，各种各样的异国服饰充满了街头，如日韩风、欧美风、民族风等，风格仅仅是作为一个设计元素而存在的，越是民族的越具有国际性，服饰作为一种实用艺术代表的是不同民族和国家的艺术文化精神，兼收并蓄海纳百川的理念才会让"民族的才是世界"的口号不至于成为空头支票。

（三）当下洛可可风格服饰的多元化

在高度发达和快速消费的时代，服饰的风格进入了大融合的阶段。没有泾渭分明的风格流派，在新的风格取代旧的风格后很快旧风格就会卷土重来。当代著名美学家李泽厚先生对于历史的积淀范畴有独到见解，认为积淀是历史主义的内容，"每个时代的服装审美基调都是历史选择的结果，服装审美因素日益丰富源于历史沉积层的厚度，否认文化记忆会堕入传统虚无主义，数典忘祖会丧失历史分量。"[①]

洛可可风格的精神被很多理性的逻辑打败，荒谬的、享乐的和女性化的种种都显示出"小"的风格，应正确认识洛可可艺术的精神内涵，这样的风格出现在 18 世纪是历史的选择和人类的进步。在崇尚简约的社会里依然以骄傲的身姿傲立群芳，只要有了适宜生存的土壤，它便可以改头换面来一次重生。

1. 新洛可可元素

"多元混搭"成为时代的主流，每种风格的服饰都不会只有单纯的设计元素，洛可可风格作为"细节的女王"，便体现在了诸多风格服饰中。

（1）佩斯利纹（Paisley）。很多人对佩斯利纹感到很陌生，而提及中国古代的"火腿纹"很多人就会顿时心领神会。它像逗号、杧果、腰果、水滴、凤凰的羽毛和中国古代道家的阴阳图案，早在我国新石器时代，劳动人民就已经创造了类似佩斯利的纹样刻在陶纺轮上，后来演变成了道家的太极图案。被称为"生命之树"的古老纹样实际上发端于克什米

① 徐宏力，关志坤．服装美学教程[M]．北京：中国纺织出版社，2007：40.

尔，称为克什米尔纹样，18 世纪初苏格兰西南部城市的毛纺织业大量采用这种纹样并应用在羊毛披肩、头巾和围脖上，因此又被称为佩斯利纹。而这个漩涡状的花纹很久以前就在西亚和欧洲得到了广泛应用，佩斯利纹经由波斯和印度在 18 世纪由拿破仑在远征埃及的途中将克什米尔披肩带回法国，改良后的纹样迅速在欧洲流行起来，受到上流社会的青睐并流行于 18、19 世纪。在当今大量的服饰上可以看到佩斯利纹样，它是适应性很强的民族纹样，佩斯利纹给人的感觉是神秘且繁复的，简洁中流露着智慧，这样的纹样在宫廷中同样绽放出了绚丽的光彩。

宫廷卷草纹是佩斯利纹与洛可可风格莨菪叶纹样的结合物，水滴状和卷曲的莨菪纹结合，构成四方连续、二方连续、平接和错接的结构图案，既有着典型的佩斯利纹古老的神秘风格，又洋溢着卷曲叶子纹样的宫廷风格。佩斯利纹样以其较强的适应性融合了同样古典华贵和繁复美妙的洛可可经典纹样，将这两种纹样风格融合后的奇特纹样，圆润中带有曲线的律动美，被广泛应用在服饰、家具、室内装饰上，成为现代社会中的一股民族时尚的风潮。

（2）洛丽塔风格（Lolita）。

洛丽塔风格的来源有两种说法，一种是根据俄裔美籍著名作家弗拉基米尔·纳博科（Vladimir Vladimirovich Nabokov）发表于 1955 年的同名小说《洛丽塔》，另一种源自 18 世纪的洛可可风格和维多利亚风格，这也正是本文将要探讨的。“其设计灵感来源于法国宫廷的洛可可（Rococo）和英国维多利亚（Victorian）时期的服饰风格”。[①]

但相比洛可可风格来说，洛丽塔风格更加接近年轻化的视觉效果，它的典型造型是及膝蕾丝裙搭配过膝的蕾丝袜，将女性高贵典雅的特质以及优美纤细的身段凸显出来。服装上大多点缀有蝴蝶结、缎带以及蕾丝花边以及束腰等装饰，充满了浪漫主义色彩，摒弃简约注重细节和装饰，甜美洛丽塔不仅色彩偏向暖色、淡色系，还大量使用叠加设计，如蕾丝、荷叶边、泡泡袖等，它不单单是服装的风格也是一种心理诉求，也体现了青年人在“自我认识和迷乱”中以不羁和反传统的方式来表达自己的心态。这是他们渴望寻找自我，希望得到社会的关注、认同、了解和肯定的一种心理状态，在这一点上洛丽塔风格的服装精神与 18 世纪

① 张燕．洛丽塔在衣着生活中的闪现[J]．艺术教育，2008（3）：20，27.

洛可可风格的服装精神有着相通和相似的一面。

洛丽塔服饰风格在精神上延续了洛可可服饰风格，并且以更加积极的方式体现了穿者的内心感受和心理诉求。洛可可服饰的戏剧化效果也很好地宣泄了穿衣者的感情，那些无法实现的理想通过精致、优雅甚至夸张的外表来摆脱束缚内心的枷锁，面对现实只能将理想诉诸服饰的表达。洛丽塔精神是洛可可精神的另一种表达方式，不仅是在外观上更多的是在内涵上，二者的服饰文化精神是一脉相承的。

2. 洛可可复古之风

所谓复古是对以往审美风尚的再次呈现，任何一种艺术风格的创新都不可能独立存在于其他艺术审美之外。

曾经盛行的艺术风格的再次发现，会给人带来意想不到的效果，它不仅体现出一种怀旧的思绪，更多的是对过往艺术风尚的致敬。斯维特兰娜·博伊姆在《怀旧的未来》如此说道：“怀旧是我们这个时代的通病，是某种对过往无限的怀念之情。它与现代本质上是同一时期的。”每个时代的服装流行彰显着属于那个时代的艺术风格，而这种风格也是将服装与其他领域进行区分的重要标志，也就是说，不同的艺术风格通过不同的潮流风尚得以体现，而这种潮流风尚是具有一定周期性的。复古风格近些年再次盛行，受到广大年轻人的追捧与青睐，回顾过去二十多年来我国各类服装品牌服饰的发展演变，不难发现女装的潮流趋势一直处于“复古”与“流行”的不断更迭发展之中，混搭与多元化既是主流又是主题，纯粹的服装风格已不复存在，然而无论时代如何发展变化，“怀旧”与“复古”都是女装永恒的时尚，这是基于人类对于过往的无限留恋与对过去事物的怀念之情的，通过服装这一载体勾起大家共同的回忆，从而产生情感共鸣，使得曾经的艺术风格再次成为新时代的潮流风尚，这一特征通过各位明星的服饰上便可窥见一二。[①]

19 世纪洛可可之风再次复苏，被世人称作“新洛可可风格”。直至目前洛可可女性化的贵族气质与其风格的装饰性都是各大服装品牌争相采用的服饰元素，复古宫廷版本的洛可可服饰，其彰显的优雅与华丽令人惊叹，其中丝绸、蓬裙、束腰、花边、刺绣以及极富装饰性的蕾丝等

① 刘晓娇 . 社会学视野下的青年服饰风格——洛丽塔现象 [J]. 上海青年管理干部学院学报，2010（1）：32-34.

装饰元素，都是复古风格中最具特色的时尚元素。装饰风格与 17 ~ 18 世纪洛可可风格已经略有不同，不再以繁为美，而是主张简约之美，但是其装饰细节仍然保留着其独有的华丽与优雅感，这些都是使洛可可风格经久不衰的重要因素。

第二节　服装设计中的中国古典风格的表达

全球设计呈现两种发展态势，一种是具有显著本土化特征的服装设计风格的发展趋势，另一种则是将西方文化理念与概念向全球进行不断推广的发展态势。正如李青《艺术文化史论考辨》一书中所述："全球化必然会给世界文化带来趋同化的现象，但是在全球化的发生过程中，却是相反的刺激导致了全球性的异质化、本土化、民族文化的崛起。"①

季水河在著述《阅读与阐释：中国美学与文艺批评比较研究》中指出："原来在西方发生的现代性对传统美学历时性压迫变为一种共时性的压迫：在东方国家几乎均以西方为参照时，西方这个以动力著称的文明却始终在加速前进，它的价值与道德标准总是处于自我修正之中。这就给世界文明的发展带来一个无法规避的缺陷：人类因标准的不存在而无法肯定自己行为的合理性，甚至会因趋同选择而走向毁灭的境地却不自知。'他者'（Other）的重要性开始显现出来。就各民族美学来说，它们在这种'由边缘走向中心'的对话模式里，虽然要服务于'走向中心'的目的，但是为了避免被现代性和全球化牵向未知的彼岸，它们必然要寻找自己成为'他者'的实质内容。"②

全球格局中世界各民族文化与中西方文化的权重发生改变，促使全球文明被重估，以往的西方文化中心论发生了转变。"西方学者提出民族设计全球化的观念，是继全球均质化伴生出的另一主流文化模式，而非少数的、异类的边缘文化，是不同属性民族化特征影响全球化的进程和形态，是民族文化全球一体化的差异化影响与作用，是全球化拥有的又

① 李青．艺术文化史论考辨 [M]. 西安：三秦出版社，2007：10.

② 季水河．阅读与阐释：中国美学与文艺批评比较研究 [M]. 北京：中国社会科学出版社，2004：72.

一平等文化价值。”①

近些年，中西方文化之间的相互借鉴与学习已经成为一种发展趋势，在当代社会的时尚圈内极为盛行，无论是意大利的米兰、美国的纽约抑或是法国的巴黎等国际时尚大都市，随处可见中国服装文化的设计元素，并逐渐形成一种全新的时尚潮流。全球的服装设计师根据他们对中国传统文化的认知与解读，将自己的服装设计理念与中国元素完美融合，创作出具有时代特征的新潮服装，并通过国际舞台将其展示出来。由于不同的服装设计师有着不同的文化背景，对中国传统文化的熟知程度各异，其创作出的具有中国服饰文化元素的服饰也各具特色。这些设计作品中既有对传统文化的守望，同时又有着后现代设计典型的符码混合，这些服装各具特色，优劣也自在其中。

一、中国古典服装设计细节

中华民族有着博大精深、源远流长的中华文化，我国的古典服装是其重要的载体与传承者，透过精美的古典服装，我们能够窥视到斑驳陆离的中华历史长河。中华古典服装带有极为鲜明的民族特点，每一处细节都蕴含着丰富的寓意，立意十分精妙，历经中华几千年的文明变迁，带有独特的朝代和地域特征，具有厚重的审美积淀，因此，中国古典服装设计的复兴也是实现民族文化传承和创新的有力途径。随着我国综合国力的不断提升，我国民族文化在世界上的影响力也随之提升，我国古典服饰逐渐走出了国门，迈向世界。因此，在古典服饰的设计方面，也要充分考虑到国际方面的因素。要想设计出好的古典服装，应从一些重要的细节部分着手。

所谓细节，通常指的就是一些琐碎之物，但是对于服装造型设计而言，细节往往是可以组成整体服装造型的基本单位，对于服装的细节，设计者一般是通过减少或者是添加的手法对服装局部展开设计。好的服装细节设计可以充分表现出服装造型的用意，能够极大地促进服装造型的塑造，从而使服装造型更具美感与感染力。对于服装设计而言，是不能缺少细节设计的，细节的设计对于服装设计来说非常重要，即便是总

① 陈霞．从观念开始：艺术设计教育中民族化历史叙事的思考[J].艺术教育.2014(10)：58.

体的主要设计已经完成，也要对细节设计加以重视。要知道，如果细节设计精良，可以使服装造型的整体效果得到大幅度的提升，甚至对该服装造型能否取得服务人物的良好效果起到了决定性作用。

我们都知道这样一句话，那就是细节决定成败。在设计古典服装时，有很多细节都需要特别注意，笔者将从三个主要方面对古典服装设计的具体细节应当如何完善进行讨论，同时还会就细节设计对中国古典服装设计的重要性进行论证，希望通过本文的探讨研究，可以使人们特别是古典服装设计的相关从业者能更加客观、审慎地认识到细节设计对于中国古典服装的重要性，从而更加重视细节设计，在细节设计上提供更多的创意与思路，为中国古典服装设计注入新的活力，使其更具生命力。

（一）古典服装设计应坚持“意向思维”

意向思维是指以程式思维为先导，要求设计者调用主观情感努力对穿着者在规定场景中的形象进行感悟，追求场景、实物以及内心的有机结合，然后通过对技术性的艺术表现手法的运用，将心目中的意向向具体的服装设计进行转化，从而物化人物的性格或心境。其中，程式思维具体表现在基本设计走向的择定之上，但并不意味着只有这些，程式思维应渗透至古典服装设计的整个过程中，也就是说要求设计者在设计之初想到类型相同或者相似的古典服装造型，然后再把其中的优秀古典元素应用到自己的设计中去，这并不意味着抄袭或复制，而是学习、传承以及升华的体现。

在中国古典服装的艺术形象线条上可以表现意向思维。人们看到一件服装时，一定是最先接触这件服装线条等的表层表现，然后才去体会其艺术形象，进而根据这一艺术形象并结合其他因素去体会服装的艺术意蕴。这一过程就是由表及里的欣赏过程，不过对于古典服装设计来说，首先应该具备一定的艺术意蕴创作理念，然后再对具体的艺术形象进行构思，将其通过线条巧妙地体现出来，最后加以固定。这一过程就是服装设计中由里及表的创作过程。中国古典服装往往会体现某一特定历史时期的风土人情、穿着者的职业、喜好等，服装的不同线条可以表现出不同的人物形象，因此，在古典服装设计中，必须提前了解穿着者的人物需求，然后再通过合适的线条将设计之初的意向思维表现出来。例如，古代君王的服装不能选用粗劣的布料和线条，而平民百姓的服装也不适合运用精巧的线条，少女服装的线条要具有一定的柔和感和俏皮感。

在中国古典服装的仿生设计方法之上也可以表现意向思维。我们经常可以在中国古典服装上看到一些动植物等形象，仔细观察我们可以发现，这些形象并不追求完全写实，并不需要其与原型的逼真程度有多高，而是将重点放在了如何将原型的主要特征（通常是设计者需要表现出来的特征）和独特的韵味表现出来，因此，对于中国古典服装的图案细节设计来说，并不要求设计者简单按照原型的形象进行设计，而是要用心对其特征和内核要领进行深度领悟，与服装和穿着者的身材、职业、气质、性格等多方面的特点相结合，最终设计出来的形象不仅要具备原型的主要特征，还要与穿着者的人体结构相符，要和穿着者的身体与气质精神融合在一起。

（二）古典服装设计中民族特色图案的应用

中华民族独特的发展脉络造就了很多极具特色的地区，如江南、湘西、东北、西北、滇南等地，都有着非常独特的、富含深意、流传已久的十分具有民族特色的图案，这些图案体现了当地的民俗信仰，可以反映出当地的人文历史与风俗习惯。在中国古典服装设计中应用民族特色图案，将会为古典服装增添不一样的设计感，也能更好地展现我们中华民族的古典文化。虽然在经济全球化的发展背景下，很多西方的设计理念流传到了我国，但是对于古典服装的设计，依然要在坚持中国传统设计方式的基础上博采众长，积极将具有民族特色的图案融入自己的设计，从而拯救逐渐衰败的古典服装。民族特色图案的纹样十分鲜明，可以直接有效、简单明了地反映古典服装的设计理念与风格，是对民族文化的传承与发展，不过要注意一点，民族特色图案的应用并不是简单的拼凑和复制图案，而是在充分尊重民族特色图案的同时，根据要设计的古典服装的具体表达意图而进行重新规划布局、二次改造，将设计对象和民族特色图案的精华充分结合在一起，使二者相辅相成，对民族特色图案的审美元素进行了充分挖掘，使其从真正意义上去造就古典服装，而不是简单堆砌。

民族特色图案的审美特征也十分鲜明，它是时代文化的缩影，在古典服装设计中应用民族图案，可以在二者的融合下展现出更加迷人的艺术魅力。在二者融合的过程中，要注意一定的设计方法，切忌胡乱设计、简单拼凑，以免使二者“两败俱伤”。第一，在使用某种民族特色图案之前，要对其进行深入的调研考察，对当地正宗的民族特色图案进行收集与整理，通过多种途径查阅当地民族古典服饰相关的影像资料，将其作为有效的设计素材，然后对民族特色图案形成的历史背景以及经历的历史变迁乃至其自身的文化内涵加以了解，对于该图案在现代服装中的应用现状也要有一定的了解。第二，以上述收集整理的成果为依据展开有效的对比研究，分析资料中民族特色图案在色彩、组织、结构等各个方面的相同点和不同点，总结出其审美标准和审美元素。第三，将所得结果与需要设计的古典服装进行有机融合，结合古典服装的款式、内涵进行微调，使其符合古典服装的应用场景和人物气质。第四，根据古典服装与民族特色图案的融合设计，选择古典服装适合的面料与制作工艺，面料相当于服装的皮肤，一定要和设计风格是相符的，切不能因为面料问题使自己之前呕心沥血的精心设计毁于一旦。在设计完一件古典服装之后，要听取多方意见，对优点进行总结，并对不足之处加以归纳，为下次古典服装设计积累经验。

（三）古典服装设计中的色彩应用

人们对于一件服装最初的认识就来自于色彩。色彩具有三要素：色相、明度以及纯度。这三个要素是不能分割的，而是相互依存和制约的。对于古典服装形象来说，色彩是第一层，不同的色彩运用到相同一件的古典服装中，其呈现出来的视觉效果与审美体验是截然不同的。另外，人们对服装设计的感知是不一样的。

中国古典服装在色彩的运用上受封建等级制度的深刻影响，早在周朝时期，对于服饰色彩的应用就有了一些禁忌规定；到了秦始皇时期，黑色被认为是最尊贵的颜色；唐代时期的服装根据人的尊卑以及职位的高低对色彩的使用进行了严格划分。古典服装设计不能随意进行色彩搭配，而是要遵循一定的色彩搭配法则。服装的色彩搭配是由多种因素共同配合的一个设计过程，只有遵循了色彩搭配法则，服装的色彩才会更加协调，千万不要小看服装的色彩搭配，其对于古典服装来说可以起到力挽狂澜的作用。在古典服装设计中，色彩比例分为很多种，如根号比例、黄金比例、数列比例、反差比例等。古典服装设计必须对色彩的搭配进行平衡，也就是平衡配色，一般要求设计者以古典服装本身的中心点为中轴，分配色彩比例和色块大小，使得整件衣服色彩均衡。当然，古典服装的色彩搭配也分为平衡与不平衡两种类型，不平衡的配色方式比较复杂，比较考验设计者的创造力以及想象力。在古典服装设计中，要把握好色彩的节奏，从而使古典服装更具视觉节奏的美感，不管是有规律性的色彩节奏，还是无规律性的色彩节奏，都有可能为古典服装带来不一样的美感。另外，古典服装的设计还要注意色彩强调，也就是在同一性质的色彩中可加入不同性质的色彩，以突出某部分独特的色彩效果，这时就需要设计者对色彩的主次关系进行一个正确的处理，以免出现配色喧宾夺主的情况。古典服饰应用的色彩要相互呼应，里外、上下相协调，另外，配饰的颜色也要和古典服装协调，从而确保设计出的古典服装的美感是统一的，从整体上体现古典服装的和谐之美。

细节设计可以很好地展现服装造型中的亮点，对服装造型设计的发展具有重要意义。服装造型设计应该基于细节设计理念，利用细节设计技术使服装造型的内容不断丰富。在服装造型设计中，细节设计可以使设计师获得更多的设计灵感，而且细节设计还能使服装的造型更加符合形式美，所以在服装造型中，细节设计理念和设计技术的应用变得更加广泛，这对于现代服装造型的发展具有很好的促进作用。

服装设计创意中融入我国古典文化的精华和精髓，对于实现服装设计创新具有重要意义，也是实现我国古典服装复兴的重要举措。古典服装设计对于传承和彰显中华文化有着至关重要的作用，我们一定要予以重视。设计者在设计古典服装时，应当充分认识到细节设计的重要性，精于细节诠释，利用意向思维，通过对民族特色图案的运用和色彩的合理搭配，将古典服装设计为精美绝伦的艺术品，这样才可以使中国古典服装受到国内外的瞩目，进而慢慢提高我国的文化软实力。

二、现代服装设计风格中的中国古典元素

我国是一个有着五千年悠久历史的泱泱大国，其深厚的文化底蕴令世人为之震撼。而中国历朝历代的更迭使得不同朝代的文化也在随着统

治阶层的兴起与衰落而呈现出不同的形态，这些深厚的历史文化中均蕴含着中国特有的古典元素，而这些古典元素能够让后人了解与感知不同的历史背景与社会文化，也从侧面体现出人们勇于开拓、不断进取的民族精神。产品中的图案理念与造型等即为元素，将这些古典元素作为现代服装的装饰，将会带给现代服饰一种古典的东方神韵。本文针对中国古典元素的代表、特点，服饰的发展历史，以及不同朝代古典服饰的纹样展开分析，同时，就目前带有中国元素的现代服装设计范例进行一系列展示，并借由这些范例进一步阐述中国古典元素在现代服装领域的具体应用。

（一）中国古典元素的图案种类、特点、概念和代表

随着我国历史朝代的更迭，这种独一无二的文化符号——古典元素，其形式与内容也在不断的发生着变化，流传时间之久、影响范围之广，是其他文化元素所无法比拟的。中国古典服装文化是中国古典文化精髓的体现，笔者将结合中国古典元素中的图案特点以及纹样展开详细介绍。

我们将那些可以独自存在并在组织形式与表现手法方面不受任何轮廓与外形影响的图案称为单独图案。对称式与均衡式是单独图案的两种不同的构成形式。适合式图案又可以称为适合纹样，通常情况下，它是指将形态合理、巧妙地安排在某一特定的范围内并与其形体彼此契合的变形方式。它在外形方面具有一定的局限性。适合式图案具有内外和谐统一的特点，一般适用于一些装饰图案。我们可以在众多服装设计作品中发现中国元素，如从 2008 年北京夏季奥运会的祥云火炬、福娃、五环奥运标志的造型设计中均能发现中国元素的存在。其中，祥云火炬的设计灵感来源于含有“渊源共生，和谐共融”这一中国传统文化思想理念的文化元素——“云纹”符号，这一具有浓厚中国文化色彩的设计元素，传递东方文明，传播出祥和文化。可以说，这些云纹图案在一定程度上赋予了火炬浓厚的中国文化特色。

服饰中的鹤纹、麒麟纹、凤纹、坐龙纹、夔龙纹等形式各异的纹样代表着我国各个朝代的文化特色。在隋唐时期之前，龙纹大多呈现出一种匍匐行走的状态；而在隋唐时期，随着国力的不断增强，来自四面八方的各国使者前来朝觐，此时的龙已经开始高居九重天之上；之后的明

清朝代，龙纹彰显出一种华贵、威猛的特性。此类纹样在服饰中的应用更将龙形态刻画得栩栩如生。龙纹通常与凤凰纹、祥云纹组成图案。除此之外，还有盘龙、团龙、正龙、坐龙、行龙等多种样式。龙在中华民族的心目中代表着吉祥，在古代更是一种皇权的象征，而龙袍则成为我们民族最具代表性的纹样作品，不同朝代的龙袍纹样各具特色，因此历朝历代皇帝身穿的龙袍都有着不同的特色。无论是哪个朝代龙纹无不彰显着皇权的至高无上，自古以来，龙因其独有的文化象征意义而深受不同朝代统治者的喜爱。

（二）古典元素在服饰设计中的运用

当前世界时尚圈中均能看到融入中国古典元素的服装设计作品。我国是一个多民族国家，文化形态多样，从而使得图案纹样也呈现出一种多元化的特征。近些年，众多与时尚相关的设计作品，从包括鞋类、服饰等在内的作品中均能见到中国古典元素的加入。中国古典元素流传已久，虽然随着时代变迁，人们的审美情趣在不断提高，但是那些具有古朴特色的中国元素依然是时尚界的宠儿，时间使得它们在如今社会中依然散发着无限魅力。以汉服为例，虽说汉服来源于中国汉代，距今已有400余年的历史，但时至今日仍然备受年轻一代人的追捧与喜爱，这也从另外一个侧面反映了中国古典元素无法取代的独特魅力。设计师将此类元素融入现代服饰的设计，从而刮起了一阵服饰圈的“中国旋风”，并形成一种独有的“中国风”服饰特色。除此之外，制作有中国古典元素的服饰材质也需要精挑细选。面料是制作服装的基础材料，并且面料直接影响着服装设计的款式与元素。

研究发现，制作有中国古典元素服饰的面料主要采用的是我国的麻布、棉布、缎子以及丝绸。在现代服装设计之中，服装设计师可以结合不同古典元素的特色选择适合的服装材料。举例说明，我们发现在丝绸上经常可以见到祥云图案的设计纹样，原因在于丝绸的柔软度相对较高，为了凸显女性柔美、飘逸、华丽的一面，会在此类设计中融入一些女性化的设计元素。而在进行男性服装设计时，为了凸显男性阳刚之气，设计师通常会选用鹤纹、龙纹等纹样，用在缎子、麻布、棉布一类的面料中，由于其面料具有透气性好，易吸汗等特点，所以深受广大人民的喜爱。

中国古典元素融入现代服装设计，从一定程度上促使民族艺术得以不断开拓与升华，具体来看，一方面给服装设计增加了文化内涵与底蕴，使产品附加值得以提升；另一方面更加有助于我国优秀传统文化的传承与发扬。伴随着大众消费水平与理念的不断发展与转变，人们开始意识到中国传统文化的弘扬与发展的重要性，现代服饰设计也不仅仅是为了追求一种时尚潮流，更多的是要进行一定程度上的不断创新。中国古典元素在现代服装设计中的应用，在一定程度上使得服装设计的美感得以提升。

目前，中国服装设计师致力于中国古典元素的挖掘与应用，并力求在以往的基础上实现不断创新。例如，艺术家李晓峰的艺术创作令人眼前一亮，他将陶瓷碎片重新进行了排列组合，并将其融入现代服装设计，可以说是服装设计领域另辟蹊径的代表之作。这样设计的特点能够将历史的厚重感充分彰显出来，广受海内外艺术爱好者的喜爱与追捧，在中国以外的地区广受欢迎，仅单件售价就已高达数十万美元。其作品将现代时尚元素与传统的古典元素完美地融合起来，将一块一块的瓷片串联在一起，在视觉上给人带来一种无法言喻的美妙感受。

近些年，众多国际服装大品牌在进行服装设计时都会考虑融入一些中国古典元素，这一现象的出现可以从两个方面进行分析：其一，证明了中国文化开始在世界范围内引起关注与重视；其二，这些形式多样的中国古典元素的独特魅力吸引着广大服饰设计师，使他们为之着迷。谭燕玉是在世界时尚圈享有盛誉的中国服装设计师，其设计的服装作品融入了大量的中国设计元素，其作品也因其“中国风”的艺术风格而受到世界各国人民的喜爱。Vivienne Tam 的春夏时装秀中将中国传统文化四君子梅花、兰花、竹叶、菊花等图案融入服装设计，在中国古代，梅兰竹君四种植物分别象征着中国传统文化中的高洁、清逸、气节、淡雅的高尚品德，而设计师将其设计在服饰中从某种程度上使中国传统文化得以传播与弘扬，具有传播文化的特殊意义。

2015 年春夏时装周上，设计师将现代艺术设计元素与中国传统文化元素相融合，最大限度地将中国传统文化元素中蕴含的艺术内涵与历史文化特征彰显出来。

伴随着时代的不断发展，我们在科学技术方面取得令人称赞成绩的同时，也在时刻注意着对中国优秀传统文化的传承与发扬，给其赋予新的时代特色与内涵。中国古典元素在服装设计中的加入，充分体现出了现代设计与古典元素的完美结合，一方面体现出了一种时尚感，另一方面又能将中古典的端庄优雅展现得淋漓尽致，中国传统元素在融合中国重新焕发新生。服装设计师在设计之中充分意识到了创新的重要性，在继承与发扬优秀传统文化的同时，并没有全部融入服装设计，而是有选择性地进行采用，从思想内涵上符合服装设计理念的元素才是设计师真正所需要的，如此一来，不仅使得服装在视觉与设计方面的感染力进一步增强，同时促使中国优秀的传统文化得以继承与不断传播。

三、现代服装设计风格中的中国古典建筑元素

随着生活品质的不断提升，人们逐渐开始对中国传统文化进行重新审视，并将这一古老文化与现代生活结合实现了重构，使得现代与传统实现了完美结合，并形成了一种全新的当代审美价值体系。服装设计领域同样如此，大批的服装设计师不再将目光局限于现代文化元素中，而是将其向前追溯，通过对古老文化元素的挖掘与应用，使得服装设计方面也重新焕发出新的生机。以我国著名运动品牌“李宁”为例，其旗下的子品牌“中国李宁”于2018年受邀参加了纽约时装周，在本次时装周上应组委会要求，将中国元素在服装设计上的整体比例进行了上调，并基于此推出了围绕中国传统文化设计理念的“悟道”系列作品。该作品一经推出便广受好评，在市场上获取了前所未有的轰动。自此，“李宁”服装品牌着手转变设计思路，大量融入中国传统文化元素。这之后，越来越多的服装厂商纷纷效仿，一时之间“中国风”特色的服装大量涌现，“国潮”设计风格也逐渐成为一种主流风潮，也为中国服饰时尚走向世界创造了条件。

（一）中国古典建筑元素在当代服装设计中的表现

早在20世纪90年代，中国服装设计中就已经融入了中国古典元素，然而，由于当时社会发展水平与大众认知还停留在相对较低的水平，因此无法意识到传统元素内在审美价值在服装方面的体现，因此在服装设计的全过程中，对此类元素的应用还只是停留在表面，没有深度挖掘其

元素的真正内涵，也无法将其与现代文化实现完美结合，故此，其具体应用范围还仅局限于饰物、古典服装的装饰图案方面，整体设计仍然位于初级阶段。这样的情况在现如今已经得到了很大程度上的改善，服装设计师可以做到深度挖掘其古典元素的内涵与意义，再结合服装特征，将其内涵意义巧妙地应用于设计中，使得艺术效果达到最大化。除此之外，服装设计师也在不断开拓思路，将目光投向社会生活的各个领域，如雕塑、绘画、建筑等艺术的有益元素，使得服装设计元素在最大限度上得以发掘与应用，将传统审美多层次地彰显出来，使服装作品的整体视觉效果得以发挥。

通常来说，建筑审美与服装审美在某种程度上有着很多相似之处。而中国古典建筑中的一些元素也可以在服装设计中有所体现。正如近代著名建筑学家、营造学社的创办人朱启钤先生曾在其为营造学社撰写的开幕词中所述那样，“中国之营造学，在历史上、在美术上皆有历劫不磨之价值。”并因其壮阔的视觉效果、多样化的装饰风格以及独特的结构特征，在世界建筑领域独树一帜，对东亚文化圈的建筑文化有着极为深刻的影响，进而出现了一种跨越种族、跨越地域、跨越文化的普世审美价值。在此基础之上，西方发达国家在很久以前就已经被中国古典建筑样式的独特魅力所吸引，认为它是东方文化的文化象征，因此将其融入他们的东方题材的艺术创作，虽然说由于文化血脉的根本差异的存在，导致西方人无法从根源上了解与感悟中国传统文化的精髓，有时也会由于认知上的偏差而出现一些令人无法理解的怪异形态，但是，无法否认的是，这一独特现象也从侧面反映出中国古典建筑在异域文化语境中的象征意义。受到这些因素的影响，当代艺术设计中对于中国古典建筑元素的应用尤为常见，设计师们希望借由这些文化象征符号，进一步强化东方文化特征，进而使得作品能够呈现出一种中国气象。尤其是在一些国际化设计作品中，此类现象更为普遍。从某种程度上看，设计师们十分热衷于从中国古典建筑中汲取创作灵感，并将其广泛应用于当代设计作品中以不断强化东方艺术的审美特征。

设计师对于中国古典建筑元素的青睐同样适用于服装设计领域，众多设计师将其视为设计元素融入服装设计活动。早在 20 世纪 80 年代，中国服装设计领域就已出现将中国古典建筑元素融入服装设计的作品，并且这一现象的出现也随着越来越多设计师的加入而演变为一种设计趋势。20 世纪 70 年代末，法国知名服装师皮尔・卡丹在北京民族文化宫举办了自己在中国的首场服装发布会，在本场发布会上，他将现代服装设计理念一并引入中国。皮尔・卡丹作为在国际上享有盛誉的著名服装设计师，初次来到中国就被这里深厚的文化底蕴所折服。其中，最能激起他强烈探索欲的便是散落在中国各地的古典建筑，他将这些丰富的古典元素作为设计元素，广泛地应用于他之后的服装设计中。例如，我们可以在他 20 世纪 80 年代的服装设计中看到具有中国鲜明文化特征的设计元素，即对襟、立领等，而夸张的服装肩部设计，则与中国古典建筑中的飞檐有着异曲同工之妙。皮尔・卡丹大胆地将中国古典建筑元素融入现代服装的细节，让其呈现出不同于以往的独特视觉效果，使其服装作品呈现出“中国风”的设计理念，帮助他快速了打开中国市场，同时也令他在时尚圈收获了一众赞誉。

（二）中国古典建筑元素在服装设计中的应用路径

随着中国改革开放政策的逐步落实，越来越多的国外知名服装设计师与品牌进入中国，他们的到来不断刷新着国人对于时尚的认知，同时也将最新的设计理念传入中国。与国内设计师一味求新求变的设计思路不同，这些国外优秀设计师不约而同地将目光锁定于中国传统文化，将其视作自身创作灵感的泉源。在他们的影响下，越来越多的中国设计师，也开始反思自身的设计，调整设计思路，回归传统。

1. 摹其形——模拟古典建筑结构特征

由著名服装设计师胡晓丹设计、策划的大型服装秀《流动的紫禁城》中就可以看到，设计师将目光锁定在中国古典建筑当中，通过对故宫建筑的深入研读，归纳故宫建筑的核心审美元素，将其与现代服装展开有机糅合，以服装为载体，再现紫禁城——这一皇家建筑典范的艺术意境。

在设计过程中，胡晓丹吸收了中国古典建筑的结构特征，对服装采取三段式构成方法，按照现代服装的基本特征，并参考中国传统服装上衣下裳的基本样式，将其分为帽饰、上衣、下裳三部分，以此分别对应中国古典建筑中的屋顶、墙体和台基，模拟中国古典建筑的视觉效果。蟠龙香亭套裙是《流动的紫禁城》系列作品中最具代表性的作品之一，这件作品的设计灵感源于太和殿御座前铜胎掐丝珐琅蟠龙纹香亭，是太和殿中重要的礼制陈设。设计以旗袍为基本原型，通过对旗袍原有廓型的改良，使肩部整体呈现出近似悬山顶的视觉效果，服装整体结构被分为头、肩、身三段式布局，从而保证服装的外在形态尽量贴合古典建筑的典型特征。

此外，胡晓丹还将中国古典建筑的结构特征与服装的基本廓型进行了融合。众所周知，体量巨大且样式多变的山形屋顶，是中国古典建筑给人印象最为深刻的视觉特征之一。为了尽可能在服装当中模拟出这种视觉特征，胡晓丹在设计中大量使用T形廓型，尽量夸张肩部形态，使其视觉效果近似中国古典建筑中的梯形屋顶。在此基础上，通过色彩、图案的综合应用，在细节上还原中国古典官式建筑中的黄瓦朱墙。这种设计方法，在上述蟠龙香亭套裙中也有充分运用。为了使服装尽量接近香亭的外在形态，胡晓丹在帽饰、肩部增加了立体造型，再现原始建筑中的飞檐黄瓦。这种具象的模拟手段，让人一目了然，最大限度地还原了模拟对象的形态特征。但是，建筑与服装毕竟分属不同领域，二者差异显著。因此，在利用服装造型手法还原建筑审美趣味的同时，胡晓丹充分考虑到了服装的结构特性，并展开了合理调整，尽量保证服装的实用性功能。这种考量，在蟠龙香亭套裙当中，也有体现。与肩部设计不同，蟠龙香亭套裙的裙摆处，以更为抽象的设计语言模拟香亭基座。作为一种实用艺术，服装的整体结构必须贴合人体的生理特征。由此出发，如若将裙摆处按照肩部的设计方法以立体造型模拟原有建筑，必然会给穿着者的日常活动带来不便。此外，若采用与肩部相同的处理方法，会使作品因元素过多而产生一种臃肿感。基于上述因素，胡晓丹以写意的设计手法表现香亭原有基座部分，以平面色彩暗示香亭基座，从而实现了视觉性与实用性之间的和谐统一。

2. 得其色——借鉴古典建筑的色彩特征

除了在服装廓型结构上展开调整，使其产生近似中国古典建筑的外在形态特征外，目前中国古典建筑在服装设计中的应用，更多地反映在了利用纺织材料对古典建筑色彩、纹样的借鉴与转写中。早在20世纪90年代，胡晓丹就在《流动的紫禁城》的系列服装中，运用这种方法将古典建筑融于服装当中。2011年，设计师邓皓女士携新作“花妖：古兰中国红”系列登陆伦敦时装周。据其自述，作品的设计灵感源于上海世博会中国馆建筑。在设计中，邓皓将西方教堂中常见的玫瑰花窗与中国传统古建筑中的装饰图案植入服装，以此强化作品的古典气息。在图案的选择上，邓皓吸收中国古典建筑中常见的和玺彩画中的造型元素。和玺彩画，源于江南地区，本为保护建筑木结构而作，之后这种技术被皇家垄断，成为官式建筑的专属工艺。和玺彩画构图饱满，色彩浓烈，多搭配对比色，图案表现内容以吉祥图案为主，寓意祥和。邓皓在设计中继承了和玺彩画的基本造型方法，多以连续式构成方法展开布局，图案集中表现在胸线、腰线等关键部位，从而强化图案与服装之间的互动联系，使图案不再浮于表面，而是自觉成为服装的重要结构元素，利用图案强化服装的结构特征。

针对中国古典建筑中的图案展开重构，使其作为核心元素强化服装的整体视觉效果，邓皓还在服装的整体配色上，全面继承了中国古典建筑的配色习惯。作为享誉世界的中国服装设计师，纵览邓皓历年来的设计作品，不难发现红、绿、黄、紫等纯色贯穿始终，这些颜色也是她使用的主要色调。这种色彩使用习惯与中国古典建筑的用色习惯高度一致，体现了中国古典艺术中对于纯色的热衷。此外，在色彩的搭配构成方面，邓皓的色彩搭配极为大胆，通过对色、补色、斥色之间的跳跃转换，强化作品的色彩碰撞强度。这种色彩表现方法，也成为邓皓独具特征的个人风格标识，从而使其作品呈现出无限的民族韵味。

3. 合其意——吸收古典建筑的审美意境

上文提到的两种元素应用方法，均将目光锁定于古典建筑中的视觉元素身上，通过将元素展开结构，再按照服装设计的整体需要，重新植入。由于其易于操作，因而被广泛应用，成为目前服装吸收中国古典建筑展开设计的主要方法。但是，由于过于强调具体视觉元素在服装作品中的堆砌，难免使人觉得只是元素的机械复制，并未触及中国古典建筑的核心审美理念。随着中国当代服装设计的不断成熟，部分设计师开始意识到元素抽取与植入所带来的弊端，并放弃了这种直白的设计表现方法，转而思考如何在服装设计中呈现古典建筑的核心审美理念这一更为深刻的问题。

2015 年，中国设计师卜柯文的作品“紫禁城”亮相纽约大都会艺术博物馆慈善舞会。作品以“紫禁城”为原型展开设计。与胡晓丹《流动的紫禁城》系列作品不同的是，卜柯文并没有在服装中模拟建筑的原有外在结构特征，而是将中国古建筑的核心审美趣味转译为服装语言，礼服以披风后背为中轴向两翼展开，以此暗示中国古典建筑中轴对称式的平面布局。在此基础上，大量使用和玺彩画图案展开局部装饰，并在色彩的配置上，以墨绿为底，再现中国古典建筑的色彩使用习惯。元素之间的有机融合使作品整体再现了中国古典建筑中正磊落的核心审美追求。

作为中国传统文化的重要组成部分，中国古典建筑全面反映了中国古典艺术的核心审美特征，是具有显著视觉特征的中国元素之一。近年来，随着传统文化的回归，越来越多的服装设计师开始将目光锁定在传统文化身上，对其展开了基于现代设计语境下的“再设计”，“国潮”已蔚然成“风”。在这股潮流中，古典建筑作为典型元素，频繁地出现在服装当中。对于古典建筑元素的应用路径，也从摹其形、得其色，上升为合其意，在设计中更多地通过视觉语言的综合应用来强调古典建筑的核心审美观念。相信随着国人文化自信的不断强化，建筑元素在今后的服装设计中的整体应用路径还将得到进一步拓宽，以古典建筑为代表的中国传统文化，将成为今后中国服装设计的灵感之源。

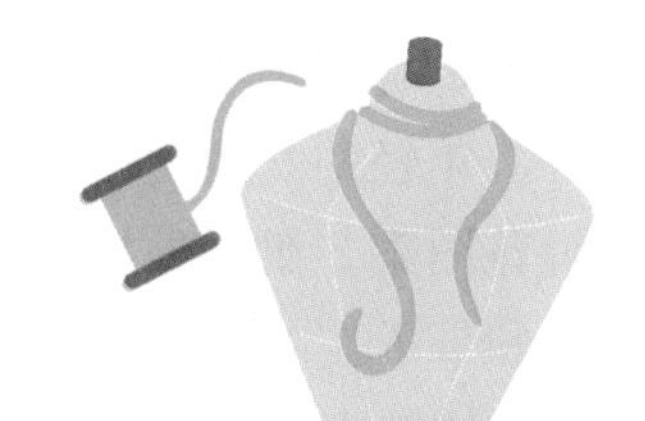

第四章 “新潮”服装设计风格的创意表达

第一节 服装设计中的嬉皮风格表达

一、嬉皮风格的概述

嬉皮来源于“Hippie”一词，最早是由旧金山记者迈克·法伦（Michael Fallo）在一篇报道中使用的词汇，代指那些年轻的波希望米亚人，后来被另一位隶属于《旧金山纪事报》的记者赫柏·凯恩应用在一篇广泛传播的文章当中，使这一词汇广为流传。“嬉皮十分士”[①] 一词代表的是与正统相反的亚文化群体，是一个精英化群体，它和词汇“垮掉的一代”十分相似，以文学和艺术知识分子为核心，以大量摇滚音乐家以及反叛传统生活方式的人和追随者为重要组成。

在时装发展的过程中，嬉皮风格对服装设计有着重要的影响，留下了浓墨重彩的一笔。这些人的喜好和东方多个民族有一定的相似之处，他们留着长发，身穿宽大、松散的喇叭裤和印度衫，脚上穿凉鞋，衣服外侧挂有各式的花环、念珠以及和平勋章，好似东方各民族服饰的变种，

① 嬉皮士（Hippie）本来被用来描写西方国家20世纪60年代和70年代反抗习俗和当时政治的年轻人。嬉皮士这个名称是通过《旧金山纪事》的记者赫柏·凯恩普及的。

如吉卜赛服饰、土耳其长袍、摩洛哥工作服、阿富汗外衣以及印度披巾等。年轻的女嬉皮士更喜欢穿着一些长且大的长裙，裙子上印有印度的鲜花图案，裙子外搭配一件农民式短衫或T恤，同时在头上戴有各类方巾和带子。

嬉皮士们的核心理念是爱情和非暴力，因此，他们也常常被称作“花童”。他们大多为群居生活，人与人之间将求宽容和开放，故性关系相对开放，而且他们痴迷于各种原始部落的图腾或者东方宗教的信仰，但并不遵循各种传统的宗教文化。

二、嬉皮风格在服装设计中的运用

（一）嬉皮风格在服装设计元素上的体现

嬉皮士向往和追求的是自由自在、无拘无束，因此，嬉皮式服装的风格也多凸显随意、自由，至于其他方面如色彩、图案、面料、款式以及装饰的手法都是借鉴和参考当代和当地的民族风格的，并将它们自由地组合在一起，最终形成带有异域风情的、自由的、浪漫的、怀旧的风格。

1. 款式的演变

嬉皮士更热衷于南亚各国以及东方各个国家的宽松类服饰，认为这些服饰能体现自然的生活方式。所以，嬉皮士女装最初的风格基本上都是A型（长帐篷）和H型（宽大），也有一部分属于O型等。嬉皮士风格在20世纪80年代以及90年代获得了长久的进步和发展，将世界不同民族的元素和风格进行了一定程度的吸收和融合，呈现出个性化和多样化的特点。进入21世纪之后，嬉皮士风格更是展现出包容性的特点。嬉皮士风格的女装十分重视各种细节和装饰。

（1）松垮随性。20世纪60年代，全世界刮起了一阵“年轻风暴”，嬉皮士们也深陷其中，他们不断阐述自己追求解放、自由的生活方式，这种追求在服饰上同样也有明确体现。他们追求服饰外轮廓的自由，如A形外轮廓，即帐篷式外观，凸显服饰的流畅和生动；H形外轮廓，也可称为箱形、矩形外轮廓，十分宽松，肩部好似不合体，下摆呈圆柱形，没有腰部；O形轮廓，多用圆形，肩部、腰部以及下摆处都没有特别显著的外角。

嬉皮式风格的服饰内部也采用各种大胆的造型，如肩部无衣物遮挡，袖子造型与灯笼相似，腰间加一束带，且腰节位于臀部下方或胸部下方，裙子长及拖地，裙身处张开，裤口处也张开，如阿拉伯式的印花长裙，高腰系带睡袍式连衣裙，宽松自然的罩衫，高腰的阔腿牛仔裤，另外，牛仔裤也凸显出一种破旧之感。

20 世纪 60 年代的牛仔裤大多采用“自下而上”的方式，无论年老还是年少都适合穿着。牛仔裤上更是夹杂了各种花式的处理，如破洞、毛边、贴片、刷白、磨损等，凸显了嬉皮士叛逆、追求平等的性格。牛仔裤经过处理后具备各种异样的形式，凸显出不守常规、不受约束的特点，更完美地契合了嬉皮士的性格。

到 20 世纪 70 年代时，牛仔布一跃成为时代潮流，当时最经典的应用牛仔布制作的服装叫经典喇叭裤套装。此套装上身为半身长或超过半身到臀部以上长的上衣，下身为喇叭裤。这一套装不但适合春夏两季，而且在布料上增加羊毛针织后可以满足秋冬季节的穿着需求，这种能满足四季的服饰在时尚史上都是极为罕见。

图 4-1

（2）多元化个性混搭。20 世纪 80 年代和 90 年代，嬉皮士服饰风格相对自由，款式更为宽松，出现裤子和裙子混搭现象，开创了新的时尚潮流，凸显出了新的个性。

嬉皮士们会在牛仔裤上拼接或混一些新的元素，甚至加装金属类的铆钉，最终形成新的风格，如流苏靴子、灯笼长袖、西部风情短靴等。他们甚至在夹克外套上加装军装应用的双排扣，使女装的风格更加帅气。

另外，他们还会将服装的某个部分进行单独的放大或变形处理，使其具有特异、前卫的造型，给人留下深刻印象。

在此期间，嬉皮士的思想越发叛逆，不但追求过度的自由，还开始喜爱具有民族元素和浓艳色彩的服饰。他们讲求平等，坚决反对种族歧视，故他们对于非洲的服饰特点也进行了大胆的参考和借鉴，在颈部常常戴有具备非洲特殊的项链，在脸上涂抹各类土著的图案。另外，他们也参考了其他民族的风格服饰，如波希米亚风格的不羁和自由、印第安人的羽毛头饰等。

20 世纪 80 年代以及 90 年代的这种多元化的混搭风格使嬉皮士的服装风格和街头时尚形成出人意料的化学反应，这种宽松的上衣和牛仔裤变相消除了男性和女性服饰的外在直观差异，推动街头文化不断发展，影响至今。

（3）自由干练。进入 21 世纪之后，女性地位获得了进一步提升，嬉皮式女性服饰的设计风格由原本的极度夸张转变为更具包容性，但造型仍然是为了凸显干练和自由。此时的女装不但重视外在服饰，也十分重视细节。

如今的牛仔裤在设计时基本都采用了大面积的拼接、压花、拉丝、挖洞等，因而服装的样式多姿多彩，更推动“破烂”的牛仔裤成为当代的极致潮流。牛仔裤的设计在最初只在部分区域进行轻微的磨削处理，或打几个小补丁，如今的破烂化处理已经变成大面积处理的方式，特别是梅森·马丁·马吉拉设计出的超级破烂牛仔裤，更是几乎无法蔽体。在这股破烂化的潮流之下，其他现代服饰也纷纷跟风。另外，牛仔短裤不但要进行破烂化处理，短裤的口袋长度还要超出短裤的长度，好似 20 世纪 60 年代的自由、随性。服装品牌 Unravel Project 更是直接提出了可以反穿牛仔短裤的观点，甚至在口袋的内衬上还单独设计了一个口号——“不破不立”，势必要引发牛仔裤界的巨大革命。

在这股破烂潮流中，CIE Denim 也在默默发力。R13 作为一个牛仔品牌，积极融入复古的摇滚风格，推出各类酷感服饰，不仅刮起一阵中性冷淡风，更将“美、帅、风”推向极致。

这种特殊的风格不仅能满足嬉皮士的要求，还凸显了服饰的个性，展现休闲、年轻的特点。显然，嬉皮风格的服装具有“变幻多端，不拘一格”的特性。

2. 面料的演变

嬉皮士对资本主义社会的抗议使得人们接受各种与衣服有关的礼仪和约束。他们通过改变服饰的同质性与和谐性使服装变得更加协调。他们将模拟酸性幻影产生的颜色应用到配色当中，同时对旧衣服进行回收，并对外界宣称这些其实是大自然的馈赠而非被人们抛弃的破旧抹布。他们通过不断的混搭，意图找到最环保、最舒适的方式，获得最原始的天然质感。

（1）自然面料。20 世纪 30 年代，嬉皮士最喜欢纯天然纤维织成的面料。天然纤维包括麻纤维、棉纤维等植物纤维以及兔毛、羽毛、羊毛、蚕丝和其他动物毛等动物纤维，由这些纤维织成的织物是嬉皮士应用最多的。

（2）混搭人造纤维。到了 20 世纪 80 年代和 90 年代，嬉皮士直接改变了选择面料的基本原则，在选择时会考虑自身的个性，凸显夸张、张扬、叛逆等个性。因此，他们将多种不同风格和性能的面料进行组合，并坚信新合成的面料必定超过原本两种单独面料的性能。例如，将塑料、木材、金属等硬质材料和麻纤维、棉纤维、丝绸等纤维进行混合，以期获得更加醒目与夸张的视觉效果。

在这一时期，嬉皮士十分喜爱丝绸面料，织成各种服饰，如真丝衬衫、真丝连衣裙等，这种服饰能体现嬉皮士精致、舒适的生活。另外，人造纤维织成的面料因为和天然面料性能十分接近，具有同等的透气性和舒适感，而且上色后十分靓丽，同样深受嬉皮士的喜爱。

（3）环保舒适。进入 21 世纪之后，嬉皮士的服饰风格发生了一定改变，对面料的要求也同样发生了变化。他们选择的优质面料不仅要与服装的风格相匹配，还要结合当代的流行艺术趋势，运用先进的创新技术，顺应市场的繁杂变化。除面料基本的时尚性和舒适性外，嬉皮士还重视面料的健康性、便捷性，如今的嬉皮士在原本追求时尚、推崇个性、重视品质的基础上，还讲究环保和绿色。

嬉皮士还特别喜爱具有极佳手工质感的面料，如天然针织面料、真丝雪纺面料、丝绸面料、纯棉和亚麻面料以及其他天然纤维织成的面料。

如今，嬉皮士的个性和生活都十分丰富，使得嬉皮风格的服饰形成了“奢华靓丽”的氛围。一直以来，嬉皮士都十分喜爱麂皮面料。麂皮面料原本的色彩相对暗淡，但是在现代服装设计师的手中能展现出异样的活力。设计师会在麂皮面料中加入各种各样的新型元素，如印花、流苏等，同时融入宽松、自由、多姿多彩的款式。这种做法不但能使麂皮和流苏形成活泼、清新的氛围，而且能使麂皮和流苏展现华丽、浪漫的气质，享受奢华的视觉盛宴。

另外，设计师还可直接将麂皮染成不同的颜色，并搭配各色流苏组成具有当代时尚标签的新面料，通过多种面料的复杂拼接，同时在面料表面绘制荧光色、渐变色等艳丽的色彩，以及各类夸大的涂鸦图案，织成当代嬉皮风格的服饰。

3. 色彩的演变

嬉皮士选择色彩时会遵从自己的内心，他们喜爱自然、崇尚个性，喜欢纯粹的自然色彩，而艳丽、明亮的色彩能更好地展现大自然，必然是他们最喜欢的色彩。他们追求个性，追求独树一帜，在颜色上同样在追求摇滚和金属的碰撞和融合。随着时代的发展，嬉皮士选择色彩的类型也在持续变化。

（1）明亮的自然色。嬉皮士选择喜爱的色彩与色彩的内涵有着密切极深的关系，嬉皮士认为强烈的色彩代表突破传统、打破约束，更为符合自身性格，所以他们多喜爱艳丽、明亮、鲜明、令人振奋、引人注目的色彩。嬉皮士喜爱的颜色多种多样，如红色、绿色、蓝色、明黄色以及其他中性色彩，其中，红色代表满满的热情和激情，与嬉皮士时刻充满力量和激情的性格完美契合；绿色代表安全、健康以及生命，与嬉皮士喜爱自然、充满希望的追求完美契合；蓝色代表忧郁、理智；明黄色代表希望和阳光；中性色彩代表爱与和平。

嬉皮士喜爱白色和黑色，因为白色代表坦率、纯真，黑色代表坚定、严肃、拒绝与沉默；嬉皮士还喜爱橙色，因为橙色代表友好、温暖和欢快。

（2）金属色碰撞。新的嬉皮风格服饰不仅拥有艳丽、明亮的色彩，还具有横跨多个色彩维度的碰撞色。

嬉皮风格服装在选择色彩时一直遵循多维度、多方位的对比和平衡。至于为何选择银灰色和金属色作为服饰的搭配色，其实是受到重金属摇滚歌手的影响，他们在音乐节上选择的服饰和造型在表演过程中发挥出极强的明星效应，引致大量嬉皮士效仿。

（3）丰富绚丽。进入21世纪后，嬉皮士更注重追求自由，追求无拘无束，选择的色彩更加丰富和绚丽。颜色的多姿多彩代表嬉皮士逐渐年轻化、个性化。但是，无论嬉皮风格的色彩是艳丽、鲜明的普通色还是分外鲜亮的荧光色，都是由嬉皮士根据自身的喜好来决定的。

（二）嬉皮风格在装饰上的元素探究

嬉皮风格服饰的装饰品具有浓烈的东方色彩，显然是受到东方民族与文化的影响。例如，用自然的鲜花做衬托，用动物的羽毛、贝壳以及骨头做装饰，用印度的佛珠、吉卜赛的头巾做搭配，用各式各样的流苏和手镯做配饰，等等。而且，21世纪的嬉皮风格服饰的装饰艺术同样变得更加的丰富和性感，此处的性感并不代表服饰特别暴露，而是用具有特殊效用的图腾来装饰服装，用各种不同的面料和裁剪手法来凸显女性的性感。

1. 装饰的探究

在嬉皮风格当中，装饰一直发挥着至关重要的作用。不同的装饰体现了当代的服装风格和时代精神，而且不单单是服饰外搭的配饰，嬉皮士自身散乱的头发同样是装饰的一种。

（1）“自然和平”的影响。20世纪60年代和70年代，嬉皮士坚决反对当时主流社会盛行的物质文化，他们喜爱自然，倡导和平与自由，因此，他们的装饰同样要体现出这种特性。此时的他们认为自然界盛开的鲜花就是世间最自然、最美好的事物，因此他们用鲜花做装饰。他们将鲜花插在警察的枪口之中，借此来表现自身对社会的强烈不满，他们有时将鲜花佩戴在头上，或者将各式各样代表爱与和平的头巾或发带系在头上，宣传爱与和平，常用的有印花头巾、各种戴有民族风格的头巾以及戴有迷幻气息的扎染带。

嬉皮士喜爱自然，还十分痴迷东方文化，除鲜花这种配饰外还有很多其他的自然配饰，如动物的羽毛、贝壳以及骨头等，他们还喜欢佩戴五彩缤纷的、具有浓厚异域风情的手镯以及象征爱与和平的东方念珠，如印度佛教的手持念珠。此外，其他各种蕴含东方文化的饰品也常常被嬉皮士们佩戴在身上，如吉卜赛风格头巾、流苏靴、和平勋章、民族大挎包、长围巾、宽腰带、特殊的东方徽章和太阳镜以及简单的东方艳丽花布等。

嬉皮士还喜爱模仿各种摇滚歌手的穿搭，如原本只是英国人用于骑马的切尔西靴，后来被 The Beatles（披头士）乐队穿着出现在各种音乐节当中，他们用自己的影响力做了最好的广告，他们的摇滚音乐充斥着敢教日月换新天的力量，抒发着自身的反叛思想，为自己呐喊、加油，著名时尚设计师安·迪穆拉米斯特曾经也发表过“时尚对我而言就像摇滚乐，内在总是存有一丝叛逆的力量。”这样的说法，显然，时尚和摇滚之间存在一定的勾连之处，内在关系深厚。而摇滚音乐的内涵和嬉皮士的内心十分契合，他们开始喜爱摇滚音乐，其中最基础的内容就是模仿摇滚歌手的穿着，至此，切尔西靴不但成为嬉皮风格的重要饰品，还充当着沟通音乐和精神的坚实桥梁。

（2）珠链和流苏。20 世纪 80 年代和 90 年代，嬉皮士为了使自己显得更加出众、别于他人，常常会在自己的额头上搭配一些彩色的珠链或粘贴一些亮片，在脸上绘制出独特的图案。其中，作用最显著的就是流苏类饰品，如流苏项链、流苏包、流苏鞋等，可以起到画龙点睛的作用。

一提起“流苏”，人们总是会联想到那些背弃爱情的情感浪子，但流苏最早并非是这种含义。据查，流苏的源头可追溯到古代以色列，当时犹太人的首领摩西遵从上帝的指引帮助那些被埃及人压榨的以色列人逃离埃及，到迦南的应许之地（尼罗河和幼发拉底河之间）生活。所有逃离埃及的以色列人为彰显自己为上帝耶和华的臣民，会将流苏缝制在服饰底部的四个角，此时的流苏代表的是圣洁和神圣。如今，犹太教徒在向上帝祷告时会身带披肩，而所佩戴披肩的角落就缝有流苏，他们称为“Tzitzit”。嬉皮士喜爱流苏可能就是受了这种宗教文化的影响，但 16 世纪之后，流苏已经不单单表示宗教文化，它成了当时贵族展现自己身份和地位的工具。工业革命时代，标准的贵族逐渐消失，流苏也从贵族专用流传到民间，成为商人对外展现自己身份的工具，他们将流苏缝制在各种外在细节上，如服饰、窗帘、马车等，只为更好地展现自己的身份。

20世纪60年代和70年代的上半期，作为贵族、商人代表的流苏在连年征战和经济萧条的情况下失去了华丽的内在，成为嬉皮士的心爱织物。当时的嬉皮士已经经受了连年的战乱，对于主流社会有很大看法，他们渴望自由、和平，于是盛行在西方的、讲求自由的牛仔成为他们争相模仿的对象，人们在喇叭裤、皮夹克的表面或角落同样缝制了流苏，就像曾经的嬉皮士一样受欢迎。但是，在牛仔服饰上缝制流苏并非时尚，因为美国男孩早在19世纪就为了穿着一身耐磨且实用的服饰考虑过流苏。起初，他们只是为了节约布料，于是将制作牛仔服饰的边角料当作装饰，一举两得。当然，还有另外一种说法，说的是在衣服上缝制流苏能便于雨水脱离身体，而且可以充当缰绳的替代品。再后来，流苏具有了新的内涵，不但代表着自由和洒脱，还意味着勇敢和勇猛。

另外，代表柔和、感性的女性气质被重新唤醒，流苏开始出现在品牌T台上。

（3）华丽精美。进入21世纪之后，部分嬉皮士的生活更加富足，遂沉迷于各种物质享受，首选装饰品变成了珍珠、钻石、戒指、耳环等，后来这股奢靡之风在整个嬉皮士世界广为传播，使得嬉皮风格的配饰从传统自然之物变成了华贵的包和首饰。

2. 图案的探究

嬉皮士喜爱自然，在选择图案时基本会选择自然鲜花，有时也会选择自然界的动物作为纹样的类型，而且，嬉皮士们深受东方文化的影响，绘制的鲜花图案也有一定的东方色彩，最具代表性的花样就是Mary Quant（玛丽·官）设计的白色雏菊花。

（1）反战和平。20世纪60年代和70年代，嬉皮士毫不掩饰地表达着自己喜爱自然的理念，在选择和设计服装图案时自然会选择各种自然图案，选择那些彰显爱与和平的图案，希冀通过穿着宣传爱与和平。当然还有一部分沉迷于手工制作嬉皮士们十分喜爱应用一些带有迷幻色彩的图案。嬉皮士们认为那些带有迷幻色彩的扎染图案能凸显爱与和平，与自己喜爱自然，倡导和平有契合之处。因此，嬉皮士的服装最常应用的图案就是鲜花，可以是单朵也可以是不同大小、不同花型的鲜花经过排列后使用，他们还可以使用孔雀、草木、树枝等其他动植物作为图案的原型，当然，那些具有爱与和平意味的带有迷幻色彩的东方图案以及印花同样受到嬉皮士们的喜爱和追捧。

嬉皮风格服装中最具代表性的、影响力最大的、引领潮流时间最长的一定是牛仔服饰。嬉皮士通过对牛仔裤进行一定的处理，使牛仔裤更显破烂和肮脏，但嬉皮士认为这样的服饰能凸显出人的个性。有些嬉皮士也会将破旧的牛仔裤进行扎染处理，通过扎染使破旧牛仔裤边缘戴有异样华贵的晕染和色彩，焕发出新的魔力。嬉皮扎染通过应用更加自由、随意的图案来展现自身的放荡不羁，直接打破了传统扎染那种刻板、固定的纹理布局，具有新的意义。

随着工业化时代的到来，服饰实现了工业化生产，泯灭了人的个性需求，有些嬉皮年轻人会通过对普通服饰进行独特扎染的方式获得独属于自己的个性化服饰。首先他们会购买一些单色的、普通的、价格不贵的服饰，然后结合服饰本身的材质和大小进行设计，设计时要融入自己的真实想法，最后根据设计图案购买相应的颜料并上色。这样制作的服饰就拥有了显著的个人特色，因此，他们对外宣称：世界上一定没有两件扎染服饰是一模一样的。

（2）民族特色。到 20 世纪 80 年代和 90 年代时，嬉皮士不只喜欢鲜艳色彩的图案，也开始喜爱那些反叛的配饰图案以及民族图案。显然，新型的嬉皮风格不但承继了传统嬉皮服饰那种自由、随性的风格，还融入了世界多个民族的艺术风格，如英国的时尚潮流、非洲的民族图案、东方的传统绘画以及波希米亚风格等，新嬉皮风格的服饰在增添这些新的图案后不但整体风格变得越来越丰富，产生的影响力也越来越广泛。

（3）抽象复古。进入 21 世纪后，人们的眼界更加宽广，嬉皮士也不例外，他们开始对各类抽象的图案产生兴趣，并逐步喜爱上了它们。新时代的嬉皮士对 20 世纪的各种图案存在极深的复古情怀，对于 20 世纪 60 年代的扎染有了新的想法，将各类抽象的图案用扎染的方式制作，创造出现代化的复古几何图形，充满着迷幻、复古的气息。至此，嬉皮扎染重新登上时代的舞台。

除扎染之外，嬉皮士最喜爱的图案就是各类抽象的印花图案，同样充满了对 20 世纪印花的复古情怀。其中，最具代表性的就是一种名为

“佩斯利（Paisley）”① 的民族风格印花，虽然外表略显土气，难登大雅之堂，但其中却蕴含着古代人类的艺术文明。

图 4-2 佩斯利图案

据查，此佩斯利图案最早可追溯至古巴比伦时期，在 18 世纪时，拿破仑远征埃及时被带回法国，短时间内就成为上流社会的喜爱之物。到 20 世纪 60 年代时，嬉皮运动兴起，无数嬉皮士开始追捧这种图案，它成了波希米亚时尚最显著的代表。

如今，仍有大量服装品牌在应用这种图案，在所有佩斯利色彩图案当中，“腰果花”极具代表性，如意大利极负盛名的时装品牌 Etro 最广为人知的图案就是腰果花，它也借此名传天下。

第二节 服装设计中的朋克风格表达

一、朋克风格的起源

朋克（Punk）是一种与摇滚紧密相关、十分激进的音乐形式，人们常常会称之为朋克摇滚（Punk Rock）。

在 20 世纪 70 年代中后期，朋克音乐在国际中引发了一场与主流音乐完全相违背的音乐运动——朋克运动（Punk Movement）。朋克运动的思想是打破传统、改革主流，是对传统和主流进行抗争的革命。它在“工人阶级亚文化”群体广泛传播自己的审美方式和意识形态，被无数青少年喜爱，一跃成为当代叛逆青年的主流特性。但从本质上看，朋克音乐

① 佩斯利纹样诞生于古巴比伦，兴盛于波斯和印度。它的图案据说是来自于印度教里的“生命之树”——菩提树叶或海枣树叶。也有人从杧果、切开的无花果、松球、草履虫结构上找到它的影子。似乎天生就与“一千零一夜”这样的神话有着千丝万缕的关系。

其实是为了表达自身对于当代阶级划分以及阶级压力的强烈不满，同时宣泄自己的情绪，体现出来就是朋克音乐的风格充满叛逆感和破坏感，情感上带有极强的政治性和颠覆性。朋克的发展其实就是底层阶级不断抒发自己心声的过程，最初只是希望通过叛逆以及反对主流来抒发自己的愤懑，经过一段时间后，逐渐形成了独特的风格。由此可知，朋克的风格一定是叛逆的、讽刺的、反对主流和传统的，而且它存在的群体往往是小众的，如无政府主义、反企业贪婪、反集体主义、不从众、反独裁以及崇尚个人自由等观点。

朋克艺术作为与传统、主流审美相悖的艺术形式，自然会对当代的流行文化产生了重要影响，引致主流文化出现了从上到下的反向传播。如今，朋克这种独特的语言形式在服装设计当中已经变得更加主流化和功能化，这意味着朋克这种带有反叛性质的设计理念在当代高级服装设计过程中被制式的成衣所弱化，而且无论是何种亚文化，想要跟上时代的发展潮流，必须和主流时尚形成一定的内在融合。朋克风格的服装不但是朋克精神最直观的外在视觉展现，还能通过启迪当代时尚界的潮流灵感推动当代时尚潮流稳步发展。

二、朋克元素在成衣设计中的运用形式及手法分析

如今的朋克风格服饰基本都会运用一些蕴含朋克内涵的元素，然后结合一些独特的创意、反叛的思维方式以及别样的设计手段来展现服饰的朋克内含。

（一）造型的运用形式及手法

在20世纪，最流行的朋克风格服装主要包括T恤、皮夹克、紧身裤等，这些服饰成为流行趋势的原因和当时朋克文化广泛传播和发展密不可分，而且这些服饰的基本造型往往会打破常规或与传统相悖，这与朋克反对主流和传统的理念一脉相承。

当代设计师在设计朋克风格的服饰时一般会运用朋克元素来构织造型，然后对传统服饰的固定模式和外观进行大胆的突破。例如，2018—2019年的秋冬时装周上，著名品牌Dilara Findikoglu展示了一件打破传统西服固定模式的朋克服饰，它将西服的前片直接进行了分割，然后用

浅金色的缎面直接拼接在黑白条纹织成的西服正身上，然后对西服的一侧肩部进行开口，但另一侧不开口，实现两肩不对称的设计，最后在西服的下摆处使用同款面料拼接一段半裙。这样制作的服饰与传统正式的西服截然不同，可以说它是一件西服，也可以说它是一件连衣裙，服装的款式属性都被改变了。

至于那些样式特别简单的服装，如背心、T 恤等，设计师会对服装的基本款式进行大刀阔斧的改革，甚至直接进行了极端性的破坏性设计。例如，2020 年春夏交际时，著名品牌 99%IS 设计的一款 T 恤的成衣就是直接将两件完全相同的 T 恤叠加在一起，然后将外侧的 T 恤进行无规则的、全方位的损坏，使整件 T 恤呈现出异样的特性，成为全新的时尚单品。

显然，设计师在设计朋克风格服饰时最常使用的方式是拼接法，他们通过拼接直接变换服饰的外观，创造符合朋克风格的服饰。传统的服装一般是与人类的身体构造完全贴合的，但朋克风格的服装却与传统相违背，这类服饰通过独特的设计手法将服装展现的人体结构进行了解构和重组，然后运用缠绕、抽缩、堆积等工艺更改服饰的外观和造型，制作出最具朋克风格的服装。

图 4-3

（二）色彩的运用形式及手法

20 世纪的朋克青年为展现自己的反叛和张扬，在设计服饰时基本都会选择一些相对艳丽的色彩，所以，这类靓丽的色彩也就成了朋克精神反叛思想的关键标志。如今的服装设计师通常在设计朋克服饰时会通过两种方式来选择色彩，一种相对简单，就是所有服饰全部使用黑色这一个色调，完美展现了服饰的朋克属性；另一种相对复杂，需要对多种不同的颜色进行相互融合与拼接，形成独特的颜色。但不管选择哪一种方式，都可见朋克服饰所用的色彩异于常规，拥有极强的视觉冲击，存在一定的极端性的特点。

在整个服装设计过程中，运用色彩的部分大都是各类的纹理和图案，通过异色的纹理和图案展现朋克的风格。现代设计师在设计过程中也会经常用到传统的朋克纹理和图案，如豹纹、条纹、格纹等，而且这些元素在新时代的含义也和传统内涵有一点的区别。

2017 年—2018 年秋冬时装周上，著名服装品牌 Junya Watanabe 就推出了一款运用独特配色的服饰。整件服饰的底色是黑色，但搭配色却没有选择那些传统的、符合普通审美的灰褐色豹纹，而是选择一种用高饱和度的红色和紫色组成的新豹纹面料，然后再拼接上一些湖蓝、明黄以及红色等基本色系的苏格兰格纹，使整件服饰具有别具一格的风采，富有新鲜感。

设计师在使用单一色彩作为服饰颜色时一般都喜爱应用黑色，但在 2020 年春夏时装周上，著名品牌 Dilara Findikoglu 就推出了多套红色的西服。设计师在设计西服时使用了有别于传统的全红色作为底色调，然后在服装的开合处使用了具有金属色质感的红色织带，不仅使西服整体拥有了别样的质感，更实现了两相呼应，同时借助这种统一，营造出一种优雅、精致但富有诡秘气息的效果。

朋克服饰的元素不单单只有纹理这一种，其他如人像、喷漆、涂鸦等元素同样是色彩的主要聚集地，能使服装展现出别样的风采。

现代朋克风格服饰应用色彩的意义已经和传统不太相同，传统服饰使用色彩只为彰显自我，如今的色彩在此基础上还具有宣泄个人情感、凸显自我个性的含义，因此，设计时在选择和应用色彩的方式上也应与时俱进，大胆创新。

（三）材质的运用形式及手法

传统朋克风格服装基本上会使用网眼、皮革、针织等作为服装的基本材质，也会使用一些铁链、安全别针等金属制品当作配饰。

在20世纪，朋克一族由于受到时代背景以及个人身份地位的影响，无法实现单独设计并制作服饰，只能从一些二手服装市场选择一些各个年代的时装作为基材，然后对其进行创作，使其呈现出肮脏、破烂的效果。如今，朋克风格的服饰不但重视外在的精致造型，对于服装是否实用也有很高的要求，哪怕只是为了呈现破烂的效果，设计师同样需要进行精心设计，以求获得最佳的效果。

如今的服装设计师对于朋克风格材质的应用主要有两种方式，一种是将多种材质的面料进行混搭，形成别样的造型；另一种是打散传统材质面料具备的本意，获得全新的视觉效果。在2017年秋冬时装发布会上，著名品牌 Ann Demeulemeester 就推出了大量别样的针织服装。该品牌的设计师将传统细致、紧密的针织转变为宽松、疏散的网眼针织，这些大大的网眼不仅破坏了细腻针织具有的含蓄、温顺的视觉感受，还保留了针织这一元素特有的层次感和立体感，在视觉上形成了强烈的冲击。

在2020年春夏的秀场发布中，著名服装品牌 Dilara Findikoglu 推出了许多使用拼接面料的服饰。该品牌设计师通过将相同颜色或色系的不同面料进行拼接和混搭的方法，如选择棉质面料、镂空面料、网眼面料等两个或多个进行相互拼接，形成新的服饰，该类服饰整体具有多个层次，空间感极强，同时富含虚实变化，再运用一些金属挂饰或安全别针作为配饰，使服装在华丽中凸显粗糙，在粗糙中展现华贵。

但是，设计师应用服装材质的方式并不能局限在简单的拼接和混搭上，可以对各类面料进行独特的设计和改造。例如，设计师在全面考虑各种面料基本属性的基础上，将设计思维向三维空间方向发散，希冀通过设计增强该面料的立体感、肌理感以及层次感，或者将网眼、皮革、针织以及金属配饰等朋克风格的代表元素进行全方位的融合，形成了强烈的视觉冲击。

第三节 服装设计中的波普艺术与欧普艺术风格表达

一、波普艺术

贡布里希作为英国著名的艺术心理学家、艺术史学家、艺术哲学家，对于20世纪的流行艺术有自己的见解，将波普艺术记录在著作《艺术的故事》中，书中是这样写的："就流行艺术（Pop Art）的运动来说，在它背后的观念不难理解。我说过，在日常生活中包围我们的是所谓'应用'艺术和'商业'艺术，我们许多人觉得难以理解的是展览会和美术馆里的'纯粹'艺术，它们之间还有一道不愉快的鸿沟。我说这些话就在暗示那些观念，对于艺术学生而言，永远站在为'风雅'之士所鄙视的一边，已经理所当然，上面讲的那道鸿沟自然就对他们提出了挑战，因为如今，一切形式的反艺术都成了玄深之物，并且分享了它们所憎恨的纯艺术观念才有的排他性和神秘的自负，可人家音乐为什么就不这样呢？有种新音乐曾经征服了大众，引起了他们的兴趣，达到歇斯底里般的狂热程度，那就是流行音乐（Pop Music）。难道我们就不能也有流行艺术，简单地使用连环画或广告中人人都熟悉的图像达到那种效果吗？"① 显然，贡布里希认为流行艺术其实就是一种在满足消费文化的前提下能被广大群众接受的具有商业性的艺术。

20世纪50年代初，英国诞生了一种特殊的艺术形式——"波普艺术"（Pop Art），在几年后传到美国，并逐渐兴盛起来。这种艺术风格独特，提出了"艺术应该等同于生活"的口号，它的主要内容是人们的日常生活，即以人们日常生活中用到的各种物品当作创作的素材和主题，重视艺术的知性和客观元素，而且这类艺术作品一般都与社会存在一定的内在关联，能反映出当代的实际情况，推动当代的文化发展，同时在某种程度上还会受到当代民主主义思想的影响。

波普艺术最显著的特性就是提出艺术没有等级之分，没有渠道之别，换言之，艺术没有高低贵贱，可以是高雅的雕塑和绘画，也可以是通俗的大众文化，它的主要目的就是磨削掉艺术之间的等级隔阂。

从波普艺术的角度来看，人们可以打破手绘图案的刻板要求，因为通过丝网印刷的图案同样具备极强的艺术气息；人们可以忽略图案不能重复出现的陈旧规制，将各种图案反复堆叠和排列；人们还可以直接将漫画和广告应用于实践。波普艺术是一种能让现代年轻人发泄内心情绪、表达自我情感的重要方式，是一种现实的、具体的艺术，通过发掘新颖艺术形式和真实现代生活之间存在的内在联系，激起人们创作艺术、表

① 贡布里希．艺术的故事[M]．南宁：广西美术出版社，2015：610.

现艺术的兴趣和欲望。

波普艺术和抽象表现主义是两种完全不同的艺术，波普艺术家可以看作是在漫画、广告以及各类图像世界中搜寻它们之间的相同点，而抽象表现主义者只是在抽象的世界中抒发自己的情感。如今，无论是哪种艺术流派或艺术风格都未曾实现艺术和生活的完美融合，实现自然世界与平常生活以及周边环境的完美融合，而波普艺术家们坚信这些事物之间一定存在着不为人知的内在关联，他们一直在努力寻找并希望可以用艺术作品来展现这种联系。

如今的波普艺术已经是一种传播范围广泛、理念丰富、表达形式多变的艺术，而且它删除了许多富含情绪化的内容。换言之，它更加“冷静”，这与抽象表现主义所展现的“强烈的热情”是完全相反的，波普艺术能对事物进行冷静分析并指出其中的矛盾关键点，而且波普艺术家们在第二次世界大战后能十分坦然地面对所有问题。部分批评家们评判波普艺术的图像作品本质是支持资本主义市场，还有部分专家指出波普艺术家们想要通过这类艺术作品向高高在上的“高雅”艺术发出挑战，他们指出商品其实是一种具有本身价值的艺术品。

因此，许多人对波普艺术的认知停留在商业文化上，认为它只是一种依托于商业文化生成的产物，是对客观世界的复制和抄袭。但根据笔者的理解，波普艺术是一种相对丰富和全面的艺术理念，它是后现代主义艺术的先行者，对当代的设计和艺术发挥重要影响，尤其是在现代主义艺术蓬勃发展的时候，它不但重新确定了具象现实写实艺术存在的价值，还借助商业文化和大众传播媒介等手段使商业图像和传统艺术融合在一起，但这类艺术存在一定的缺陷，它可能会自我取消。

1956年，“此即明日”画展举行，理查德·汉密尔顿展出了一张拼贴画《究竟是什么使今日家庭如此不同、如此吸引人呢？》，这幅画使波普艺术首次出现在人们的视野当中，且是最著名的著作。此幅画作的背景是一间屋子，屋中图像多种多样，基本都是画报、广告、海报的图片，中心偏左有一个手拿巨大棒棒糖的健身肌肉男，紧靠右侧有一个性感女郎，胸部贴有金属片，男人身侧以及女郎身下是沙发，沙发前方有一个录音机，女郎身前有一张桌子，桌上有一块“罗杰基斯特”牌的火腿，靠墙处有一部电视机，墙上有一幅《青春浪漫》(Young Romance)的装饰画，靠近窗户的一侧有一个女士在打扫卫生，窗户下有沙发，还有一个印着“福特”标志的台灯，窗户外正对的是一个电影院的正门，电影海报是《爵士歌手》艾尔·乔尔森的特写镜头。整个画面内容繁杂、底色各不相同，显然是多张图片的糅杂，而最关键的地方就是健身肌肉男手拿棒棒糖上写着英文单词“POP”代指波普艺术。这幅画作清楚地展现了一个理想家庭的生活，揭示了消费主义对生活的重要影响。

波普艺术并非是为了宣扬奢华的消费主义，也不是为了引导消费，它只是借助当前消费社会当中存在的各类形象来创造艺术作品，它的目标始终是大众艺术市场，当然，它能刺激消费，推动市场发展。许多被波普艺术家们创作出的经典形象被广泛地应用在各式各样的消费产品当中，如T恤上就印有玛丽莲·梦露的唯美头像，引领潮流。

站在社会和思想的立场上看，波普艺术的核心其实是无政府主义、虚无主义，它是对当代各类“高雅”艺术的反抗，如架上艺术、权威文化等，它不但直观展现了自身对当时传统学院艺术的排斥，还运用了部分与现代主义艺术相违背的元素。

波普艺术的影响极为深远，如今，我们仍然能从生活的多个角度察觉到它对当代潮流的作用。

（一）波普艺术的开端

在艺术发展史上，波普艺术最重要的作用并不是成为一种新的有极高成就的风格流派，而是作为一种新颖的艺术理念改革并颠覆了传统艺术。

从波普艺术的作品来看，当艺术家被要求用同样的主题来展现商业文化和日常生活时，不同国家的艺术家拥有完全不同的表现方式，而且任意两个艺术家的表现方式也不尽相同，这意味着艺术已经逐渐从单一性转变为多元性。

1952年，英国伦敦的部分艺术家组建了一个艺术小组，名为“独立小组”，他们每隔一段时间就会组织所有成员开展一次讨论，内容基本都是大众文化在科学技术、表现对象以及美术方面产生的问题。这些成员多数都是刚毕业的学生，他们对传统现代主义有充分的认知，并在此认知上进行了大胆创新，希望从中找到与传统艺术风格完全不同的象征标志，凸显出自身新颖的艺术理念。小组成员涉及多个行业，如雷纳·班纳姆（Reyner Banham）以及劳伦斯·阿洛威（Lawrence Alloway）就是评论家，艾莉森·彼得·史密斯（Alison and Peter Smithson）是建筑师，理查德·汉密尔顿（Richard Hamilton）以及爱德华多·鲍洛奇（Eduardo Paolozzi）是艺术家。这个时代的英国刚刚脱离战乱，对于美国的各类事物充满了犹疑，而美国作为第二次世界大战的胜者在英国人眼中是拥有一切美好事物的理想国度，以至于“独立小组”虽然对美国的商业文化充满怀疑，但依然认为美国的奢华流行文化才是消费主义的未来。他们通过探讨摇滚音乐、汽车、广告牌、漫画书、科幻小说、西方电影等内容，营造大众媒体形象。这是世界首次，他们还指出这类艺术是英美两国的传统艺术在1945年后能否顺利发展的挑战。

世界上首次使用“波普艺术”这一词汇的就是英国的艾莉森·彼得·史密斯以及劳伦斯·阿洛威，他们都是“独立小组”的成员。后来，小组成员理查德·汉密尔顿又发布了一些艺术作品并将其艺术形式命名为“POP”（波普）。小组成员爱德华·鲍洛奇是第一个将“POP”这一专业词汇运用到艺术作品当中的，那是小组成员的首次见面会，爱德华将一幅糅合了读物封面、科普书籍插图以及杂志广告的图向其他成员展示，这幅拼接图其实是爱德华以“达达主义”的蒙太奇为灵感创作的，充分地展示了当时美国的都市生活，他还有一幅1947年出版的十分有名的画作《我是一个富人的玩物》。这幅画作中有一个时尚女郎、一个手持枪械的男士，战机、殷桃派以及可口可乐标志等多种内容，且枪械子弹从一朵白云中穿过引发许多“POP”。爱德华平日就十分喜爱手机各种小玩意，如香烟卡、火柴盒、简报、杂志剪纸等，为后来的创新、创作打下坚实基础。另外，他的这种消费文化视野、拼贴美学引导了后世艺术家深入研究和探索视觉文化范畴内容。

1. 纽约：新达达的出现

杜尚是“达达主义”的教父，他对于东方的禅宗思想有着很深的研究，同时也受到了一定影响，因此他在创作过程中会主动去突破平凡生活和高雅艺术之间设立的壁障。随着时代发展，文化内容以及形式发生了转变，如果将“达达主义”传遍社会，使其成为大众文化的核心和基石，必然会引起“达达”的思维转变，即从小众转变为“波普”大众。杜尚对于波普艺术在纽约造成的五彩缤纷之象这样解释：这种新达达主义，有时候也被称为新现实主义、流行艺术，或者集合艺术，是达达主义的发展与继续。

受到东方禅宗思想影响的人并不是只有杜尚一个，约翰·凯奇（John Cage）也是其中之一，他通过对禅宗思想的深入研究，掌握其内在核心，并在创作过程中合理地运用了这种内在理念，创作出了新颖的艺术作品。他在20世纪50年代接受了日本禅宗大师铃木大拙的教诲，创作出绝世名曲《4分33秒》。这首曲子不需要演奏家演奏，只需要观众安稳地坐在位子上仔细地聆听大自然的声音，后来人民将此作品称作音乐界的“泉”。凯奇曾在黑山学院担任导师，他向所有学生讲授了自己的理念并希望他们能继承，这种思想是“生活替代艺术的想法”。

在波普艺术发展史上还有一个极其重要的人，罗伯特·劳申伯格（Robert Rauschenberg）。他还曾有一个广为流传的趣事，据说他曾亲自拜访抽象主义大师德库宁希望获得大师的一幅素描作品，当大师问其作何用处时，他回答只为擦除。《擦掉的德库宁》就是他最出名的代表作，整个作品不单单表露了德库宁大师十分欣赏他的事实，也意味着大师代表的抽象主义逐渐没落。

在20世纪50年代中期，现代艺术开始兴起，与抽象主义产生了冲突，当时所有在纽约工作的艺术家都面临着一个两难的抉择，一种是继续支持抽象表现主义，而另一种是顺从现代主义的发展，与现代学者共同批判形式主义。此时的劳申伯格十分厌恶抽象表现主义，因为他认为抽象主义的审美标准变得越来越狭隘，所以，他想通过在艺术作品中加入平日生活用到的事物形成一种新型的“纯艺术”。正在此刻，约翰·凯奇告诉他：“不存在此一物比彼一物更好这种事实。艺术也不应该和生活不同，而是生活中的一种行为。”因此，劳申伯格转变思维，希望用一种全新的艺术形式来消除生活的艺术之间存在的隔阂和区别。

曼哈顿城是纽约市的中心，但在这片区域内每星期基本都会丢掉过百吨的废品，包括石头、自行车轮、空罐头、脏明信片、挂镜、破伞、动物标本、沥青、硬纸板以及警用栅栏，劳申伯格将这些物品当作创作素材，经过装配、拼接、剪贴等手段组成一幅幅别样的画作，然后喷涂、描绘上色彩，称为“混合艺术”。

贾斯珀·约翰斯（Jasper Johns）同样对抽象表现主义失去了兴趣，

因为这种绘画作品当中的金属、信件、标志、主题以及印刷品都是固定的；艾伦·卡普罗（Allan Kaprow）也开始在创作过程中融入一些平日的生活、事件以及流行趋势。这些艺术家被后来者定义为新“达达主义”的先驱者，而安迪·沃霍尔、詹姆斯·罗森奎斯特、克莱斯·奥登堡以及罗伊·利希滕斯坦作为波普艺术的代表人物是新达达主义的追随者。沃霍尔在参观劳申伯格画室时受到启发，在创作时大胆将女明星照片和罐头作为主题。

2. 欧洲：法国的“新现实主义”

法国作为西方的艺术中心同样受到了波普艺术风潮的影响。许多法国的艺术家在20世纪50年代感受到大洋彼岸的美国正在流行的一种新式艺术，是属于消费品的艺术，具有较强的艺术价值和美学价值，受此影响，他们也创作出了许多新作品，并开启了展览活动。到1960年，法国艺术批评家皮埃尔·雷斯塔尼（Pierre Restany）提出了“新现实主义”这一新式艺术理念流派，并起草了组织宣言，当时有九位艺术家对此艺术理念十分认同，同时签订了“新现实主义宣言”，宣言中明确规定所谓“新现实主义”就是新的、现实的感知领域。

雷斯塔尼指出，所谓的新现实主义其实就是杜尚的现成品艺术以及他的艺术理念“变生活为艺术”的独立发展。新现实主义一经提出直面当时法国盛行的“非形式艺术”。非形式艺术是一种抽象的绘画流派，是融合了超现实主义、表现主义以及抽象主义的艺术形式，与美国的抽象表现主义有异曲同工之妙。此流派的画家主张运用随意的抽象画面以及“自动主义”的绘画手段展现自身的内在情感，显然与美国抽象表现主义一脉相承。

雷斯塔尼写道：“新现实主义记录社会的真实性，并没有任何想要挑起争论的意思。”新现实主义希望运用各种真实的素材来客观、不加任何额外情感地展现当代人们的生活环境，突破传统艺术的束缚，显然，新现实主义最关键的立足点就是艺术一定要客观和真实。因此，单从理念角度分析，新现实主义和波普艺术的本质是相同的，换言之，新现实主义就是波普艺术在法国的名称。“在欧洲国家同在美国一样，我们正在自然里寻找新的方向。所谓当代的自然，就是机械的、工业的和广告的洪流……日常生活的现实，如今已经变成了工厂和城市。在标准化和高效率这两个孪生的标志之下，所产生的外向性是这个新世界的规律。”

（二）当下流行的波普设计

如今，波普艺术的发展令人欣喜，它已经成为一种新颖的、无国界限制的艺术，但是，仍有许多艺术家怀念其20世纪的风格。如今的波普艺术其实与“时尚感”是等同的，但艺术在过去却是只有贵族才能享有的“特权”，波普艺术用它那强大的生命力消除了艺术与阶级的对应关系。当然，波普艺术天生就具有独特的时尚感，这种时尚感能和当代的商业艺术完美融合，从而更好地抒发内心最真实的情感。

设计师们对于波普艺术具备的独特时尚感早有预料，通过各种各样的设计方式将这些代表时尚的标志转变为各类消费产品的标志。如今的许多著名品牌就使用了蕴含波普元素的品牌logo，如范思哲（Versace）。范思哲的logo和玛丽莲·梦露的头像很是相似，一度被认为是相同的头像，这与安迪·沃霍尔创作的作品《玛丽莲·梦露》有一定的关系，但范思哲的品牌原本是蛇妖美杜莎。1978年，范思哲成立，其品牌标志具有十分优美的线条，可以看作是巴洛克风格或者是文艺复兴风格，更或者是哥特风格，具有较强的流行特性，受到无数人的喜爱。另外，范思哲商品的设计风格具有十分显著的特性，它极为重视性感和快乐，因此，服饰的领口一般会一直延续到腰部，既能展现穿着者优美的身姿，还能展现奢华、华贵的气质，与当代民众的艺术观念和消费文化完全契合，一经出售迅速风靡市场。

图4-4

波普艺术不单单在潮流服饰上大放光彩，在其他行业也有瞩目成就。作为 OBEY 首席设计师的谢泼德·费尔雷（Shepard Fairey）为奥巴马参加 2008 年美国总统选举设计了一张极具波普艺术风格的宣传海报《Barack Obama Hope Poster》。当其竞选成功后，许多人不但喜欢上了这位新总统，也喜欢上了这种波普风格的图片，甚至将自己的头像替换成这种图片。

波普艺术也可以和流行音乐产生良好的化学反应。近些年，许多欧美国家的流行歌手在设计专辑封面时也会适当添加波普元素，如瑞塔·奥拉（Rita Ora）的 *Poison*、艾蕾莎·贝丝·摩儿（Pink）的 *I'm Not Dead*、凯蒂·佩里（Katy Perry）的 *California Girls*，甚至麦当娜（Madonna）和 Lady Gaga 也在专辑 *Celebration* 和 *Art pop* 的封面中添加了波普元素，甚至 Lady Gaga 直接使用波普风格塑造来自己的形象，韵味奇异且悠长。

笔者觉得流行歌手采取上述行为主要有两个原因，第一，波普艺术在美国拥有广大的受众群体，属于新时代的流行趋势，歌手使用波普风格能拉进自己和听众的距离，而且美国人对于新式文化拥有极强的包容性，美国的土壤也适合波普艺术的发展；第二，歌手使用波普艺术其实就是致敬经典，完美贴合了专辑的主题。

（三）中国的“二代”波普艺术

波普艺术在中国的发展不尽如人意，因为中国始终坚持中国特色社会主义发展道路，普通波普艺术的意义和价值并不明显，所以，当代波普艺术发生了一定的转变，形成了以张晓刚、岳敏君、有方力均等人为代表的波普二代——政治波普。这类人的艺术作品没有直接冲击社会形式，而是转变为对自我肉体的鞭笞，通过鞭笞自我抒发对社会的不满和批判，这种艺术相当于穿上了一件外衣，不太容易被识破。

岳敏君是我国当代最具代表性的艺术家，他最出名的作品是以傻笑光头为主要形象的“偶像”系列，这些光头偶像不仅形态怪异，还使用了特别艳丽的色彩，有些还能看到隐晦的血气，他们总是在嬉笑，好似没皮没脸，但却彰显出异样的幽默，产生禁忌的快感。显然，岳敏君在创作过程中用一种夸大、荒谬的形式来展现内在，抒发自己的情感，观赏者可自由畅想。岳敏君作品的视觉形象是一个简单的傻笑光头，赋予其各种各样的形式和内容，意义丰富且深远。他借助这种非现实的视觉图像只为跨入现实层并进行深层的刻画，展现出了作者对现代社会生存的关注。因此，岳敏君设计的“偶像”形象具有相同的表情并非是由时代赋予的，而是他自己创造的兼具中国特质和时代特质的完美形象。

岳敏君的创作是在中国特色社会主义的基础上结合西方消费主义广告资源后得出的，而且他在早期创作时也会使用一些中国特有的形象，如军帽、红气球、红灯笼、标语、太阳、红旗、天安门等，希望通过这些带有时代特征的主流形象起到教化的功效，引导人们形成积极向上的生活态度，鼓励人们勇于拼搏，从而过上美好生活。他还主动将我国在20世纪90年代之后中国市场经济的消费欲望在视觉上的特征进行结合或置换。岳敏君的作品最显著的特性就是具有艳丽的色彩，直观、靓丽、单纯的外在形象。在20世纪90年代末期时，岳敏君的作品还曾以宇宙、天空、动物、花鸟、园林、风景等形象为背景，这类仿佛闲云野鹤的画面拥有美的内在，代表作者当时的心境十分美好，或遇到了特别美好的事物。中国社会转型的生活烙印不但影响着个人成长的经验记忆，还影响着时代审美趣味的转变。站在这个角度分析，岳敏君的作品与中国社会急于实现现代化的核心思想完全吻合，换言之，岳敏君的作品其实就是将中国社会转型期的现实变化从不同的角度展露出来，将人民受到商业文化影响后形成的暧昧矫饰心理状态以及矫揉造作的姿态用十分夸张和滑稽的方式展露出来，将中国社会正在经受的消费化、虚拟化、时尚化生活进行波普化处理。

有些专家对于我国的政治波普是否属于波普艺术，政治波普是否和波普艺术具有相同的本质带有强烈的疑问，对此，批评家黄专指出：“中国早期波普艺术中的确存在着与西方波普主义完全不同的‘变异’。首先，它对图像的现成挪用是‘历史化’的并不限于‘当下’，这就不同于西方波普艺术‘平面化’‘随机性’或‘中性化’的图像选择方式。其次，由这种方式出发‘去意义’的语言策略被重新组合意义的态度所取代。”

上面这段话其实是我国20世纪90年代流行艺术对波普艺术的错误解读，体现了当时艺术家急于将波普艺术转化为实际应用的思想，但真正的波普精神并不是当时的中国艺术家们能与之发生共鸣的东西。今天，属于波普的"文化上的时刻"才即将到来。

在中国今天的艺术领域，波普艺术的追随者可说是多如牛毛，只要在画廊和艺术园区转一圈就能发现许多波普艺术风格的作品，但这些作品的质量不可言表，有高有低，良莠不齐。也许再过几十年，这些作品中可能会出现一些富有代表性的作品，但以波普艺术目前在中国的发展状况来看，还为时过早。

二、欧普艺术

（一）欧普艺术的概述

1. 欧普艺术的基本概述

（1）欧普艺术的产生。欧普艺术是形成于 20 世纪 60 年代的一种艺术形式，有人也称其为"光效应艺术""视幻艺术"，它是一种合理运用人类视觉错觉进行绘画的艺术，如事物的动态、性状、色彩、空间等。

"欧普"一词最早出现在 1964 年，当时的乔治·瑞奇（George Rickey）、皮特·塞尔兹（Peter Selz）以及威廉·塞茨（William Sietz）作为纽约现代美术馆的研究员在讨论艺术时曾提到"欧普"，不久后，美国《TIME》杂志的 10 月刊正式提出"OP"这一专业术语。

1965 年，美国纽约现代美术馆举行了一场特殊的绘画作品展览会，展览会的主题是"眼睛的反应（The Responsive Eye）"，当时展出的作品来自 106 位艺术家，他们分别来自 15 个国家。所有的绘画作品都是由几何图形或波纹图形组成的，给欣赏者带来了一场无法言喻的视觉盛宴，欧普艺术声名鹊起，一跃成为社会的主流艺术形式。

欧普艺术的成功并非一蹴而就，在它正式形成前已经出现过多种和其相关的艺术形态，这些艺术形式的出现推动了欧普艺术的正式形成。从欧普艺术的形式组织角度分析，未来主义、螺旋主义、抽象主义、立体主义都属于欧普艺术的前身；从艺术各个色相之间存在的关系分析，新造型主义和构成主义都对形成欧普艺术发挥了重要作用；从空间透视角度分析，印象派美学同样对欧普艺术产生了一点影响；另外，盛行于 20 世纪的包豪斯艺术使欧普艺术更加重视艺术实践。

（2）欧普艺术的发展。随着时代进步和科技发展，欧普艺术在 20 世纪 60 年代中期风靡西方发达国家，其中典型的代表人物有布里奇特·赖利（Bridget Riley）、埃尔斯沃斯·凯利（Ellsworth Kelly）、维克托·瓦萨雷里（Victor Vasarely）等。

无论是何种艺术形态必然会经历从无到有、由弱转强、盛极而衰的发展过程，欧普艺术也不例外。欧普艺术在形成后引领西方艺术界潮流的时间大约有 10 年，大约到 20 世纪 70 年代时，欧普艺术随着现代艺术的终结逐渐没落下去。其衰败原因主要有两个，一个是欧普艺术的绘画作品基本都是艺术家经过长时间的计算后绘制而成的，需要花费大量时间、精力和金钱，但成品只能作为单品的辉煌，不能实现机械化的生产；另一个是这类绘画作品中的图像需要经过长时间的排列组合，且要符合科学，这就需要专业的科技背景，但大部分艺术家并不具备这种优势。

（3）欧普艺术的影响。根据资料可知，当代的艺术思潮和艺术流派会影响当代的设计走向。欧普艺术对当时的设计界产生的影响不可忽视，虽然它流行的时间并不长，只有 10 年左右，但它创造的价值不可估量。欧普艺术虽然不一定是抽象艺术的结局，但一定是现代艺术新门类的开始，它为新式艺术门类的形成和发展起到了重要的推动作用，是当时艺术领域的领军者。而且，单从某个角度分析，欧普艺术使艺术家和欣赏者在重视设计本质的基础上对视觉和知觉之间存在的关系有了更深入的了解，推动了科学和艺术的完美融合。如今，部分艺术家开始在多个设计范畴内合理运用了欧普艺术的相关理念，如陈列设计、建筑设计、室内设计、服饰设计、平面设计等。

2. 欧普艺术的基本特征

欧普艺术直接消除了图案艺术和绘画艺术之间存在的明确界限，通过实验论证和系统分析进行艺术创作。欧普艺术家在创作过程中不会在意传统绘画的自然要求，而是通过创作各类对视觉效果有强烈冲击感的画面，再结合一些特殊的手法，如余像的连续运动、色的并叠对比和层次接续、线与色的波状交叠、光的发射和散布、几何形的周期性或交替性结构等来使整个作品画面处于动态变化当中，对欣赏者的心理情绪和视觉神经产生强烈刺激，使其获得全新的视觉享受。

图 4-5 欧普艺术绘画作品

欧普艺术最关键的特性是视觉错觉，也叫光效幻觉（optical illusion），是图形或组合图形遵从色彩关系、透视关系、组合关系以及排序规则组成使人产生视错觉的画面。欧普艺术的关键在于欣赏者，艺术家们只是通过绘制的画面来吸引欣赏者，但不能让欣赏者沉迷其中。

欧普艺术的作品十分细致、科学，是艺术家花费大量时间和精力创作而生的，欣赏者在欣赏过程中会受到视觉刺激，产生晕眩。产生这类效果的原因是艺术家运用正方形、长方形、圆形等形状的并置以及各类直线和曲线的交错和平行组成画面，再搭配强烈的色彩刺激欣赏者的视觉感官，产生错视或空间变相。

1964 年，欧普艺术家布里奇特·赖利（Bridget Riley）通过将并行的直线转变为服装的波纹曲线创作出著名的欧普艺术作品《激流 NO.3》，这一作品使欣赏者的视觉感官感受到了运动感和闪烁感，产生了晕眩。

（二）欧普风格图案在现代服饰设计中的应用

1. 欧普风格图案应用于现代服饰设计的背景条件

（1）20 世纪 60 年代复古风潮的兴起。自古以来，流行和复古就不存在矛盾一说。流行代表的是潮流，复古也并非直接照搬曾经某个时期的流行元素，而是通过承继传统的流行审美观念，再融入当代的新型创意和元素，使消费者眼前一亮，不仅满足了当代消费者追求传统审美的要求，还能通过影响当代消费者的审美倾向和意识使古代流行获得新的生机，成为新的流行。当今时代的潮流已经变得毫无新意，复古思潮能带来新的设计思维，形成新的内涵。

要想成为时尚界亘古不变的流行产物必须遵从时刻变化的原则，但如今的时尚潮流却逐渐变成一潭死水，根本没有使人耳目一新的设计元素。因此，近些年的设计师将目光投向了 20 世纪，在那个五彩缤纷的时代寻求新的创作灵感，使得复古思潮蓬勃发展。欧普艺术作为 20 世纪 60 年代的艺术引领者在经过当代设计师重新设计后再次成了潮流的新趋向，通过无与伦比的视觉冲击，使当代时尚界富有了虚实融合、如梦如幻的色彩。它像一把开启复古时尚大门的金钥匙，使时尚圈人士对它一直保持着谜一样的热情。

（2）服饰设计风格的多元化发展。现代设计和审美感知的关键特性就是服饰设计风格的多元化，显然，未来服饰不仅十分重视消费者的参与和领悟，而且要展现兼容文化的内涵，无论是理念还是实际表现都将显露出多元化融合的特性。

如今的时代是一个多元化时代，精神享受和物质享受相互融合，各类文化兼容并存，消费者作为消费的主导希望看到更时尚、更虚幻、更前卫的设计创意，因此，风格多元化更能满足不同消费者的需求。

设计师在设计现代服饰时大量应用欧普风格的图案不仅满足了消费者追求服饰多元化、个性化的需求，而且能拓展设计思维，满足更多群体的需求。

图 4-6　欧普风格服饰

（3）新材料与新工艺的推动。历史再造世界，而科技改变世界。在人们的日常生活当中，科技的作用至关重要，它能影响艺术的发展。在服装领域，科学最显著的作用就是开发了各类新工艺和新材料。

服装面料是服装展现视觉语言的核心元素，设计师需要服装材料来实现自己的创意，营造出服饰的美感。一直以来，新型面料的诞生都能推动当代服饰的发展。近些年，欧普风格的图案被广泛应用在亮片面料上，借助亮片面料的闪烁光感使欧普图案的视觉迷惑感变得更强。

设计师在选择服饰面料时会充分考虑服装的整体风格。因此，欧普风格的图案更适合选择一些带有反光质感或金属质感的面料，方便发挥炫目的特性，如尼龙防水闪光面料、镭射光感面料、金属涂层面料等；当然，也可选择一些由缎纹组织、经纬异色等工艺制造的织物，或者是包含金银丝和光丝的织物。

欧普风格图案再次成为时尚潮流促进了各种设计软件和工艺的发展，反过来，各种软件和工艺的发展推动了欧普风格图案的发展。如今，服装设计最常用的设计软件有 Corel Draw、Adobe Illustrator 等矢量图形制作软件，Corel Painter 等绘图软件，Photo shop 等处理图像软件，等等。

这些软件不仅为设计师设计图案和印花，带来丰富的灵感，而且是设计师将想法转变为实际图像的技术工具。这类设计软件和数码印花的完美结合凸显了当代工艺的巨大力量，便于更快捷地绘制欧普风格图案。而且，这类软件还能将各类几何图形进行反复堆叠和错落，添加各类渐变色彩，使设计出的欧普风格图案具有更强的层次感和进退感，带来更强的视幻效果，前景空前。

服饰设计不单单要了解历史、人文、自然，还要合理运用先进的工艺和新型材料。欧普风格图案的复兴与发展与不断发展的科技分不开，通过各种新工艺和新面料使制作的欧普风格图案的表现形式更加多元化，为如今乏善可陈的服装设计领域注入新的生机，是设计领域的全面突破。

（4）欧普风格图案自身特点。欧普风格图案与其他图案不同，它是依靠简单几何图形的复杂排列和上色来吸引消费者眼球的，而且，它通过循环往复的变化，使消费者产生了视觉错位，视觉受到强烈的冲击，使人类大脑中对于空间、色彩以及形状的固定理念受到了强烈的冲击。

欧普风格图案成为新的流行趋势，帮助消费者脱离了过去那种刻板、无趣的设计内容，获得了全新的视觉享受。

2. 欧普风格图案在现代服饰设计中的应用载体

（1）欧普风格图案在高级时装中的应用。高级时装也被称作高级女装，是根据法语“Haute Couture”音译得出的。所谓高级时装意味着此类服饰的材料、设计、价格、品味以及服务都是高级的，甚至使用场所也是高级的。纵观世界时装艺苑，欧普风格图案因其具备极强的表现力而深受高级时装设计师们的喜爱，他们也常常借鉴这类艺术形式。

欧普风格图案的高级时装可以从 Timo Weiland、Christian Siriano、Roland Mourent、Zero+Maria Cornejo、Tracy Reese 等品牌的服装中看到。Missoni 作为意大利最出名的针织服装品牌，成功的缘由也是依靠了针织面料和欧普风格图案的完美融合。

（2）欧普风格图案在大众服装中的应用。大众服装就是普通民众的服装，是无数普通民众选择穿着的服装，具有求异性、时效性以及流行性，同时还十分重视品牌化、时尚化、多样化，可以算作奢侈高级时装的对立服装。

大众服装同样运用了许多欧普风格图案，它通过自身特有的变化性和运动性增强了大众服饰的实用性、设计性和表现力，使服装展现出异样的动静感、韵律感和节奏感。在大众服饰中最常运用的欧普风格图案有棋盘格、水波纹、条纹以及圆形等。

（3）欧普风格图案在服饰配件中的应用。服饰配件指的是服装的饰品，如鞋类、包袋、丝巾、首饰等，类别繁杂。服饰配件在服饰发展的过程中一直都发挥着重要的作用。配饰的造型、材质、色彩以及图案都会随着时代的变化而变化，如今也不例外。但是，现在的配饰已经脱离了传统配饰的作用，甚至有喧宾夺主之势。在服装上添加适当的配饰不仅能弥补服装自身的不足，而且能增强服装的整体性。

在服饰配件上运用欧普风格图案并没有固定的章法，可以运用在包包上、丝巾上、鞋履上。如今深受年轻人喜爱的帆布鞋也是设计师们使用欧普风格图案的主阵地，设计师通过各种流动的线条、强烈的亮色反差以及当时的流行趋势打造出各式各样的、具有炫目感的鞋子。

图 4-7　亓晓丽团队设计作品

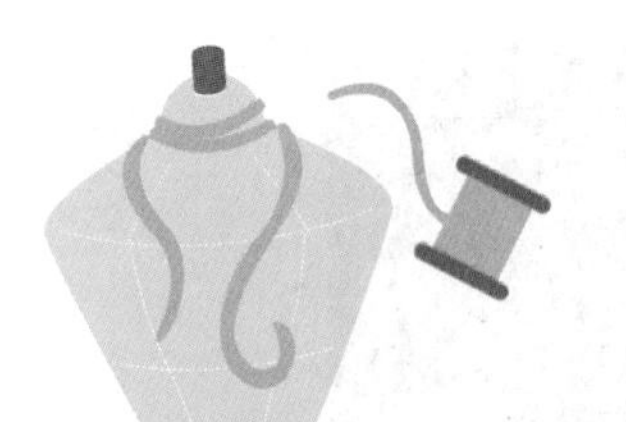

第五章 “现代”服装设计风格的创意表达

第一节 服装设计中的解构主义风格表达

一、解构主义服装风格概况

（一）解构主义的概念

解构，从字面理解其含义，“解”就是拆卸、分解的意思；“构”是指构成、重组的意思。将二者结合在一起的具体含义是指拆卸后再进行构成，或是分解之后再重新组合。解构主义与结构主义之间是对立的关系。可以说，解构主义的出现标志着后现代主义审美的形成，是服饰设计手法与审美观念的一种关键的表现形式。它不只是一种设计理念与表现形式的全新尝试，更是一种不断的对以往被正统思想所压制的思想的发现与挖掘，是一种从未涉及的艺术表现形式与方向。通过对未知领域的探索，唤醒设计师对于尝试新事物的思想，以及不对称设计为主要设计风格的审美理念。解构的本质就是对原有事物各个元素的拆分、重新解读与组合，换言之，就是一种在无序中逐渐确定秩序的风格表达。

1967 年，解构主义作为一种哲学思想由法国著名哲学家雅克・德里达首次提出。该思想的核心在于解构，其作为一种设计风格的探索兴起于20世纪80年代，从雅克·德里达的理论出发进行分析，一切已有的种类、要求、形式、规律均是能够被推翻后重新定义的。这一思想的批判方式就是从某特殊理论中找出较为典型的范例，对其进行整理、批判与剖析，然后通过个体的自主分析与思考，将思想上升至一种全新的理论。可以说，解构就是要反对以逻辑为中心的话语，将已经确定好的话语重新认知组合，进一步形成新的思维方式。①

解构手法的过程是极其复杂的，绝非简单的拼接与肢解。解构的具体过程是在现有物体素材等前提下，以实现某一目标为出发点，对已有的各类事物的构成元素或者是架构展开分解，之后再重新进行组合。利用解构思想对已有物体所传达的思想进行转换，成为一种与以往迥然不同的设计语言与外观。解构主义的服装风格，是一种充满了感性色彩的服饰风格。看似杂乱无章，好像是许多毫无关联的元素杂糅在一起，但是这些肉眼可见的外部形态以及内部的细微构成都是个体经过深思熟虑后的呈现，解构主义的服饰设计是对传统设计理念与方式的重构，并且分别从时代、民族、历史等多个视角的文化模式之中汲取精髓，借助解构具象、解构抽象、分解中再组合、随意的堆砌、偶然的碰撞等方式将思想传达出来进行创作。由此可见，解构主义应用于服饰领域，主要是对传统服装搭配的设计观念的颠覆，是服装界不断推陈出新的过程。

（二）解构主义风格的特征

在服装设计方面，解构主义风格大多表现的是一种服装的独特性与个体自身的存在感。解构主义在进行物体零部件分解的过程中，还需要思考其重新组合后各零部件之间的关联性。

建立在基本元素间相互复合、多元化构成的前提之下，把设计过程与着装者相互关联，强调人的重要性这一观点始终贯穿于整个设计过程，这就是解构主义风格服装的设计。在具体的设计构思中，主要工作就是对传统结构的分解与重构。其主要特征表现在五个方面。第一，凌乱。服装设计主要是推翻旧有的设计结构，将分解后的各零件进行疏松错落与零散的置入，使其具有一种变化的动感。第二，突变。在服装材料的

① 邬烈炎．解构主义设计[M]．南京：江苏美术出版社，2001：59.

选择方面，通过对服饰材料的重新混搭，改变原有服饰材质结构面貌，带给观者一种焕然一新的视觉效果。第三，残缺。在设计方式的应用方面，大胆采用中式留白的处理方式，形成一种不圆满的视觉感受，甚至会借助撕扯等处理手段使其产生一种残缺美，如此的处理方式能够产生一种令人无限回味与思索的美感。此设计理念强调的是不同于以往的不完整感，进而实现服饰设计语言的丰富与颠覆。第四，失重。打破原有传统定义下的规则，破坏已有的平衡感，通过扭曲、缠绕、弯曲等表现方式使其产生一种不对称的美感。第五，超常。从字面上说，就是超出常规，通过“奇、异、特”的表现手法，追求标新立异，将反常不合规矩的设计理念视为常规，颠倒黑白，讲究个性的表达。[①]

一般来说，服饰设计当中只要具备上述的一方面或更多内容，以及解构服饰的某一部位蕴含着上述所阐述的意义，都能够看作是解构主义风格。

当然，我们说打破常规是解构主义的鲜明特征，但是此类看似毫无章法的打破，以及追求“特、奇、异”的特点，都是经过设计者严谨而认真的思考后的一种对事物零部件的分解与重新组合，是一种独特思想的艺术形式的呈现。

二、服装设计“三要素”

对于服饰设计而言，就是以服装作为构思设计的主要对象，并围绕这一对象进行方案制定，再通过服饰自身的美观新颖、经济性、合体度以及适用性当作设计的前提条件的技艺。在服饰设计的整个过程中，我们需要综合多种因素，如大众审美观点、工作使用环境、设计定位所面向的人群特征等，而最关键的因素是在设计构思过程中应当明确使用何种色彩，使用何种材料制作，以及应当制作何种款式以吸引众人的目光。

制作何种款式。通常是指服装的形象造型，运用视觉的形象思维方式不断变化的特征，一方面考虑所设计的造型是否符合人体工程学原理，另一方面要考虑到形象造型内容应当符合新时代群体的审美情趣与品位。结合服饰的款式造型、服饰形态能够概括为内部解构与外部造型。在外部造型方面，能够分为 X 型、Y 型以及 O 型等不同款式的外部形态，此

① 刘元风，胡月主．服装艺术设计[M]．北京：中国纺织出版社，2006：31.

类外部形态结合人体结构特点，所传达的思想也不尽相同。但是对于内部结构，更多的是指服装内部褶皱、分割线以及省道，借助此类内部结构元素之间的变化特征，可以带给人不同以往的视觉效果。

采用何种色彩。不同色彩会产生不同的形象视觉效果，在不同的色彩中选取与服饰表达思想相协调的颜色，设计师应当掌握色彩搭配原理，并且可以精准巧妙地灵活应用，才能够把握服饰的色调走向，并从设计方向对其进行精准把握，展现出着装者身穿不同服饰所展现出的多样魅力。在人们对客观事物信息进行接收时占据关键性位置的是服装三要素的色彩，它们不仅可以给人带来一定的审美观感享受，同时还具有一定的功能属性。部分特定色彩承载着标识性信息传达的“使命”，如海军身穿蓝色服装、陆军身穿军绿色服装等。由于不同民族的习俗存在着差异，使得同一色彩在不同民族地域内所形成的意象也会有所不同。此外，色彩间的配置关系，在纯度、色相、明度的三者配比上实现了彼此的协调呼应，在不断的变化中寻求统一，均给大众传达着具有差异性的视觉感知。

采用何种材料制作。可以作为服装制作的材料种类繁多，在进行服饰材料选取时，应当全方位思考不同材料所具备的不同性能，需要围绕设计的主题展开选择，一方面要依据服装材料的不同来确定服饰的款式，另一方面希望能够通过服饰展示出服饰材料的美感。服装材料是从原料与功能进行分类是，面料的选择可以使得服装在触觉与视觉上能够获得较为直接的感官体验。毛、麻、棉等材质存在着差异，结合其制作工艺与纤维特性的不同，把此类材质穿于人体表面所要传达的思想与情感均会存在差异。像棉麻的柔软感给人带来的纯天然感受，丝绸的光滑感带给人的贵族气质，均可以使人产生不同的意象。服饰设计中的材质可以与服装的整体设计感产生直接联系，因此，服装材质的弹性、薄厚、肌理等都是在设计时需要考量的因素。

在服装设计当中，“质、色、型”组合的三个要素是紧密联系的，三者之间互为补充。

色彩需要在材料上体现，而材料要想成为服装，必然需与之组合成一定的结构造型，造型的表现无法脱离色彩而单独存在，所以三者之间相互制约，相互协调。[①] 色彩会随着材料肌理的不同而产生不同的视觉

① 邓跃青. 现代服装设计与实践[M]. 北京: 清华文学出版社, 2010 : 65.

感官体验，其所传达的思想与情感也会有所差距。然而在服装造型方面，材料的质感可以更加凸显出服饰形象造型的特点。对于服装的三要素，彼此之间应当最大限度地对其三者间的关系进行构思与反复推敲，使得三者能够达到协调统一，使得服饰造型的思想与情感能更好地传达出去。

对于一件服饰作品来说，服装造型通常是人们关注的焦点，借助内部结构或外观轮廓可以传达出想要的视觉效果。与此同时，色彩元素在服装作品设计中的地位也不容小觑。它一方面可以带给人一定的视觉冲击力，同时也可以借助颜色向公众传递信息，在色彩运用方面，不同的色彩可以向人们传达不同的服饰功能，帮助人们理解服饰的意义与作用。此外，不同的服装材质传达给人的信息不仅停留在视觉层面，还会间接给观者一种触觉层面的信息。

三、解构主义在服装造型中的应用

（一）解构主义服装的造型空间形态

过去人体本身是进行服装造型设计的主要参照物。与东方国家不同，西方国家对服饰设计的主要标准是服装的立体感，以及女性曲线美和视觉上的协调与和谐。东方国家讲究二维空间，强调图形在服饰应用方面的重要性，较为常见的是宽大型的服装造型，但是，从解构主义层面考虑，与传统的服饰造型设计相比，现代服饰与以往的审美比较来说，已然大不相同。从服装比例、轮廓线与是否合体的角度对服装整体造型进行考量之外，更加关键的是要紧紧围绕人这一中心展开设计活动，要考虑着装者的心理层面的具体情况与需求。借助融洽的个体内在与外在服饰之间的沟通所呈现的语言表达，将服装设计师的审美观充分展现出来。在传达视觉与触觉相统一方面，借助了解构主义风格的设计，在强大的视觉效果基础上，感悟设计师的设计意图。

从服装的内部结构角度出发，其空间更加具有一定的可变性、可移动性与灵活性的特征。与此同时，它会受到来自人体规律的空间限制，在人体自身动态的基础上，服饰可以解构出数不清的极富律动的空间形态。在服装造型方面，涉及空间维度的转换。例如，从一维空间向三维空间的直接转换，以及从由点、线、面所构成的二维空间向立体的三维空间转化。在对人体的臀部、腰部、胸部、肩部、头部等全身进行造型设计时，借助韵律、均衡、分割等表现方式可以将服饰不同部分进行更加巧妙的组合，使彼此制约与呼应。在空间形态方面，可以是半封闭式的组合方式，也可以是封闭式的组合方式。借助点、线、面三者间的转化，可以在服饰不同部位呈现出无限的空间可能。在对服饰造型进行设计方面，所谓点主要是通过服饰点缀以及纽扣得以体现，而线条主要是基于点发展而来的，无论是有趣的曲线还是单调的直线，都是由点的运动轨迹形成的。面则是由点与线的结合形成了无规则或规则的面。而在整个服装造型当中，点、线、面的组合体才是可以演绎整个服饰造型与设计理念的关键所在。

法国著名服装设计师安德烈·库雷热曾经这样说，“服装的灵魂在于它自身所反映出的功能性特征，它的构成、内在韵律才是最为重要的，美观只是其表面的、外在的。”对于服装造型，内部空间形态以人为本的思想无疑是服装造型中的核心设计要素，通过解构手法，能够将其更富有审美情趣和现代特征。①

通过人体外的可视空间，借助一定的服装制作工艺与服装材质，塑造出的一个具有立体感的服装形象，就是指服饰的造型空间形态。其中至关重要的两方面分别是款式设计与外观廓形。

款式设计主要是针对服装内部造型而言的，与之相反的是针对服装外部造型来说的外观廓形。其中，内部造型又可以细化为腰线造型设计、领部等细节处理等，通常来说，只要外部廓形确定了，那么代表着更为直观的形象语言表达。此外，在外部廓形确定的前提下，还可以进一步明确包括服饰的材质、色彩等方面的处理。

（二）基于服装造型的解构设计思路

1.“由内向外”拓展思维

我们通常认为，所有服装设计都是源于传统的服装结构，在此基础之上，由内向外一步步地从内部重新解构，包括分割线的设计，最后再到外部廓形的确定，最终呈现出一种全新的服装造型的过程，这是一个推陈出新的设计过程，在该过程当中，设计师在进行服装内部结构的设

① 殷文．解构主义在服装设计中的应用[D]．青岛：青岛大学，2007．

计之前，一定要研究人体运动规律的科学，使其在具有美观性的同时兼具更多功能性，满足人们日益增长的不同需求。

2.“由外向内”拓展思维

在设计最初，完全撇开以往的服饰概念与相关形态，最大限度地发挥自身的发散性思维，从服饰设计造型的整体形象出发，在根据服饰考虑人体功能方面的需求的同时，在人体的穿插塑形、随意摆动的过程之中，不断提高设计师的构思设计能力。

3. 局部带动整体的拓展思维

设计可以以服饰的某一局部作为构思设计的起点，借助局部设计，从而延伸至服装的各个部位，比如服装的腰部、领部以及袖口部，可以采用解构的处理方法，借用褶裥、分割线等方式凸显局部设计，进而烘托出整体的服饰视觉效果。在这一思维中，必须要注意疏密结合、主次分明，在凸显局部设计的情况下，不影响整体设计效果的呈现，这才称得上是实现了设计的最终目的。

4. 从灵感元素提炼造型

设计灵感的途径有很多，取材方式等通常与设计师的生活阅历息息相关。在解构主义设计之中，设计灵感与想法也可以是天马行空的，正如解构主义设计实验者胡赛因·查拉扬那样，他比较精通将高科技未知世界的不同元素与他自身的服饰设计融为一体，将自己对于未来世界的热情借助服装充分表达出来。

根据元素点的内外部特征，材质、色彩、内部空间结构，甚至与这一元素点相关的姐妹元素等都能够与服装的设计点进行结合联想。[①] 举例说明，“水”这一大自然中的物质，当其温度达到100摄氏度时，便会呈现为气体状态，而当温度低于0摄氏度时，就会转化为固体状态。水在湖泊与大海中的形态所出现的波纹都是有所区别的，甚至借助水这一元素，可以发散思维联想到与之相关的众多事物，水中倒影的意象、水桶式的造型等视角都是由“水”这一元素所形成的设计思维。之后，对这一思路进行梳理，能够归纳为内涵、纹理、色彩以及结构。如此，水这一元素构成的设计语言便逐渐形成并应用于服饰设计造型之中。

① 胡姝. 服饰的现代解构方法研究[D]. 重庆：四川美术学院，2005.

（三）服装结构的解构设计手法

解构主义的服饰设计，被人习惯称为创意十足的服装设计风格。在如今时代呈现多样化发展的环境下，解构主义的艺术风格越来越赢得了众人的关注与追捧。

解构在服饰造型设计当中，通常分为外部轮廓的机构与内部结构的解构。此类都是运用解构主义反常规、反完整、反秩序的设计手段，打破传统服饰设计比例法则，为服饰设计重新制定全新的设计标准，看似毫无章法，实则是对内部与外部设计进行了严谨与理性思考后的一种艺术呈现。

对于解构的设计来说，在服装结构方面运用的是颠覆传统服饰结构的手法，通过打破原有组合方式，对其进行全新组合的设计理念，这也在彰显着现代服饰的不断更新与发展。变化万千的解构设计处理方式使服饰的解构可以形成巨大的视觉冲击力，从对服饰结构的打破重组能够看出，设计师在审美品位与价值方面的不断探索与研究。解构主义风格的设计促使服饰结构在外部层面进行分解，看似凌乱的毫无章法的结构设计，其实暗藏着全新的设计语言。此类解构后的全新结构，不是以往单一的形式，而是能够将不同结构部位相区分，对结构局部的肩部、领部、袖片等展开分解，重新拼接组成全新的造型结构。此类错位手法，可以促使服饰更加凸显某一局部设计亮点或者体现出它的重量感。

1. 服装外部轮廓的解构

回望以往服装的发展历史，通过不同时代的服装外部造型设计可以了解服饰发展的完整历史。我们通常将服装外部造型设计称为“形”，“形”的发展高潮是在 19 世纪末 20 世纪初期，此阶段欧洲的女装样式开始从古典向现代转变，之后对于服饰外部造型设计的探究便开始发生了史无前例的改变。众多突出的经典服饰造型设计如雨后春笋般涌现出来。最为经典的迪奥的高级定制“新风貌”，打破了“形式追随功能”的设计理念，使服装造型得到了发展。[①] 该品牌的服装展现出了美好与优雅的生活，其设计观念与当时的时代背景下人们的心理需求相契合，于是赢得了广大消费者的青睐。之后，其设计造型如 H 型、Y 型、郁金香型

① 邓跃青. 现代服装设计与实践[M]. 北京：清华大学出版社，2010：102.

等极具特色的造型得到了良好的发展，并成为迄今为止都难以超越的经典造型。而对解构主义服饰设计来说，对服饰造型的解构旨在颠覆传统，打破固有的造型框架，更好地进行人性化的设计，把外部轮廓的设计过程与着装者同步，思考服饰与人体间的紧密联系。基于此，建立更为大胆与创新的分解与重组，从而形成全新的外部轮廓造型，在分解的过程之中，从视觉上为大众呈现出全新的创意造型，使人感受到不完整的缺憾美。

2. 服装内部结构的解构

结合人体运动规律，以往的结构更强调对于人体不同部位的转折变化与起伏的结点方面展开结构设计，强调着装者的空间节奏感与立体层次。相对来说，在现代解构主义表现手法之中，更加强调服饰设计个性化语言的表达，超越传统服饰设计形式，结构中的省道与分割线不再是为了塑形而不断追求立体空间感而成为解构的道具，是解构表达设计语言或概念的一种方法和塑造特有服饰结构的途径。

在服饰内部轮廓方面，口袋、袖口、领子等均成为解构的工具被设计与改造，借由相对夸张变异的设计渠道，使服装局部设计亮点在整体造型中的视觉效果得到放大，成为设计的点睛之笔。对服装局部的大胆设计与想象，突破了以往服饰局部功能的局限，设计出局部夸张或部分残缺等的艺术造型。解构设计师马丁・马吉拉，其名为“箱型廓型”的创意服饰系列，把口袋这一局部设计元素通过夸张的处理手法，让身材原本玲珑有致的女性曲线美转变为极具中性风格的外部轮廓设计。

再如将过去服饰的结构线进行错落与颠倒的处理方式。在错落当中，可以借助逆向思维创作出求新求异以及风格迥异的服饰风貌。解构服装的设计形散而神不散，在不同元素的冲击碰撞中体现出一种神秘奇特的感觉，如日本服饰设计师三宅一生，其设计就将东西方文化的精髓提炼出来后将其完美融合，在汲取西方先进设计理念的同时，将传统服饰从设计结构的枷锁中解脱出来，释放出服饰独有的体形美。

在三宅一生设计的作品当中，随处可见对传统服饰结构与设计理念的挑战与颠覆。其品牌服饰在设计方面，坚持以无结构的思维方式进行设计与构思，完全摒弃了以往的结构模式，进一步采用逆向的思维模式进行观点创新、拆分与重组，形成令人惊叹的服饰构造。

（四）解构建筑造型对服装廓型的影响

廓型是服饰的第一要素，在服饰设计中占据尤为重要的地位。通常来说，大众第一眼所见到的就是服饰的外部轮廓造型，其在视觉效果领域所发挥的作用是毋庸置疑的。无论观者距离着装者有多远，几乎不会影响观者对其服饰外部轮廓的判断。而服饰的细节则不同，如服饰材质与色彩会随着时间的推移，受到光线长期照射的影响而发生细微的改变，这些在服装廓型方面都是不可能发生的情况。因此，设计师也会借助服装廓型的变化以体现中西方服饰在年代上变迁的缩影。我们常说，艺术来源于生活，服饰设计的许多巧思妙想均来自我们的日常生活，与此同时，建筑造型也会给服饰设计带来不少灵感，我们可以从洛可可建筑风格与服饰风格的对比中窥见一二。

在建筑领域之中，造型作为建筑整体的核心是极具鲜明特色的，也会给人带来强烈的视觉冲击。服装的外部轮廓造型与建筑造型都有着异曲同工之妙，它们都是将外部轮廓造型作为设计核心之一，并且均是技艺与艺术的完美融合体，均能够反映出某一时期的社会风貌，其本质是一种时代的产物。法国著名设计师克里斯汀·迪奥曾表示，女性的身材曲线可以借助服饰进行美化与修饰，从某种意义上来说，也可以被视为一种建筑造型。

服饰的本质就是在建筑的无形空间当中提炼艺术元素，在带有建筑风格服饰的空间形态中，一方面是通过服饰外部轮廓造型的具体样式来展示有形空间形态，另一方面是借助面料得以展现。

（五）哥特式建筑与服装造型之间的联系

哥特式艺术的发展伴随着欧洲中世纪辉煌的巅峰期与败落的衰退期，或者说是一种基督教宗教传统艺术视觉盛宴的展示。哥特式艺术囊括的领域主要有绘画、雕塑、建筑三大类。

而哥特式风格主要体现在建筑领域。长、尖、高是哥特式建筑的显著特点。在建筑师眼中，如此的建筑特点在以往的建筑设计中也是从未有过的，极具个性化与时代感，是一个新型的建筑外观造型设计。从美学视角出发，哥特式建筑的外观特征的纤细且垂直，拱顶造型可以覆盖许多二维平面，形成一种空间造型特征。哥特式建筑中的窗户通常面积较大，镶嵌于建筑墙体之中，视觉观感既轻盈又稳固。例如，法国的巴黎圣母院大教堂便是哥特式建筑的经典之作。对于中世纪的人们而言，几何是神圣的事物，神的旨意通过几何比例的和谐得以体现，而巴黎圣母院大教堂的建筑造型将这一说法彰显得淋漓尽致，装饰要素与结构要素都实现了完美融合。总而言之，哥特式的特征是奇妙、怪异。从这一风格建筑中，看到尖顶高高的拱顶结构，远观好似一条直线直冲云霄。

“锐角三角形”是哥特式风格建筑外部轮廓的外在表现形式，如此的造型特点对当时的服饰外部造型设计产生了不小的影响，使其出现了前所未有的服饰外部造型特征。例如，在哥特式风格的建筑盛行之时，我们可以通过当时服饰的内部细节设计与外部造型的整体设计看到哥特式建筑的影子，即锐角三角形在服饰设计中的广泛应用。具体来说，在服饰的上衣设计中，与哥特式建筑造型外观相似的部分体现为：服饰上衣采用锯齿状等锐角三角形的造型设计，裤子则习惯采用复古式的长腿袜来展现哥特式建筑长、高、尖的建筑特点。而为了达到统一的服饰视觉效果，当时的鞋子也被设计了又尖又长的外部轮廓，帽子亦是如此，此类设计均与服饰的整体设计风格相呼应，以哥特式建筑汲取灵感体现在服饰外部轮廓设计方面的例子不胜枚举。服饰设计的灵感不仅体现在外部造型款式方面，同时还体现在服饰的色彩搭配等诸多方面，如出现的不对称或黑色的色彩纹样，饰品选用几何形的彩色拼块、孔雀毛、薄纱等，这些均与哥特式建筑教堂的彩绘玻璃窗的设计有着异曲同工之妙。通过黑色系列服饰的设计，能够很好地反映哥特式建筑的韵味与形式。同一时期的女装在外部造型方面，从廓型角度来看，上身合体而下身则较为宽阔，呈现锐角三角形的外观特征。这一特征没有将女性独有的曲线美展现出来，而是以流线型与直线型作为主要的外部形态，当时的时尚界习惯采用倒三角形与锐角三角形来展现当时的社会风貌。哥特式女装的细节体现在服饰分割线的应用方面，分别是起装饰作用的分割线应用与结构划分作用的分割线应用，通常来说，借助哥特式风格所独有的高腰结构设计与纵向垂直线条都可以从视觉上拉长身形，展现女性的曼妙身姿。①

① 潘婷．浅谈艺术与文化的融合[J].大众文艺，2010(8)：114-115.

第二节 服装设计中的极简主义风格表达

一、极简主义艺术概述

（一）极简主义的定义

20 世纪 60 年代西方现代艺术的重要流派与倾向之一便是极简主义。“初级结构”与“极少主义”统称为“极简主义”。它的本质是抽象主义，也是它在艺术领域的概念衍生品。极简主义艺术家会对抽象主义绘画当中的形象设计与图形结构不断地做减法，以达到使设计思想变得纯粹，服饰设计元素简单的艺术效果，使之最终呈现在画面上的图案仅为简单的几何图形。在色彩方面尽量简化至原色，空间模式方面采用二维空间模式。图像经过如此处理之后，给大众带来的视觉冲击感会更加强烈。

极简主义是一种以非叙事性的、冷静的与客观的形式与眼光从事艺术表达的艺术流派或倾向，与“硬边抽象”“后绘画性抽象”等均具有一种非个性或中性的艺术特性；而在艺术手法方面又与上一代人浪漫的抽象主义风格中的非理性、热情、即兴的观念彼此对立。它在绘画当中强调一种对极简手法的艺术表达与虚幻感的追求，即没有气氛渲染与感情色彩，也没有质感与空间。仅保留了色彩与外形的应用。在雕塑设计方面，选用最简单的几何图形展开表达，没有任何过多的装饰，也被称为“初级结构”或是“ABC 艺术”。

1965 年英国哲学家理查德 · 沃尔哈姆为了批评那些为了达到某种美学效果而刻意减少艺术内容的实验时所提出的一个在当时极具贬义色彩的词汇，即“极简主义”。当然被披上“极简主义”外衣的群体对这一观点并没有予以积极的回应。而随着时代的发展，极简主义作为一种艺术风格逐渐登上历史舞台，作为最后一个美国现代主义流派出现在大众视野，在极简主义看来，借助一些几何图形与思想观念便可以构成艺术。

艺术家在创作过程中不掺杂任何个人主观诠释，将所有视觉形象全部去除，使得空间内呈现出一种骨架般的极简美，我们称其为极简主义。极简主义仅选取最简单的几何图形，与饱含丰富情感内涵的抽象表现主义有所区别，极简主义风格不含有任何情感表达的艺术语言。极简主义中，虚幻的描绘与具体的图案都不是其想要呈现的，它更强调图形的同一性，即用不同的外部形态来描绘小单元。

极简主义中通常包含多种形式的风格与具有数学逻辑的构图模式，有的是几何图形的组合，有的则是单一的色彩表达。极简主义既是第一个由美国艺术家发起的艺术风格，也是一项广泛影响国家的艺术革命。它在音乐、建筑、文学、绘画领域均产生了尤为重要的影响，导致了大量现代艺术流派的涌现。

极简主义可以称为一种生活风格或方式（此时大多翻译为简约主义），同时也指一种艺术流派（此时多翻译为最简单派或者极少主义）。极简主义提出，绘画本质就是借助极简的色彩来勾画出极简的图案，强调进一步简化绘画的手法与程序，突出绘画主题，不需要过多元素的衬托，直至20世纪90年代，极简主义作为一种服装设计风格与生活态度，逐渐在欧洲盛行起来。本文主要对视觉展开探讨，以下简称为“极简主义”。

（二）极简主义的出现

20世纪机械制造业发展迅猛，这一时期出现的设计与艺术被视为机械文明的产物。随着科学技术的不断进步，在工业大生产与商业文化的环境下，传统文化与人文自然被逐渐淹没在历史的长河中，艺术家开始在现代文化中寻求创作灵感。两次世界战争的爆发，导致现代艺术无论是在外部造型还是在视觉设计方面都发生了巨大改变，并且使得部分已有的艺术表现方式也逐渐向着极端化的方向发展。

20世纪60年代以来，西方经济得到史无前例的迅猛发展，工业发展水平更是达到了顶峰，促使西方人逐渐展开对资本主义现代文明的反抗、反思与忧虑。而此时的西方艺术界可谓是群星闪耀，艺术原本就没有固定的模式与审美标准。极简主义就是在这种充分自由的大环境下应运而生的，它的出现使得传统的现代艺术受到了前所未有的冲击，极简主义的艺术形式强调单纯与简单的构思设计，与传统的抽象主义的表达方式形成了鲜明对比，是继观念艺术后出现的一种全新的艺术表现形式。但是直至20世纪80年代后期，极简主义才慢慢成为一种艺术风格，受到大众的广泛关注。

（三）极简主义的发展

20世纪60年代极简主义诞生以来，涌现出大批具有极简主义风格特征的艺术家，其中具有代表性的艺术家包括法兰克·斯特拉（Frank Stella）、卡尔·安德烈（Carl Andre）、阿德·莱因哈特（Ad Reinhardt）、巴奈特·纽曼（Barnett Newman）。德国著名的现代主义建筑大师米斯·凡德洛曾提出“少即多”的思想，他认为过于繁复的装饰设计反而掩盖了事物原本的属性，因此，他更加提倡符合现实、功能实用以及外形简单的艺术设计。20世纪30年代此类极简主义艺术风格广受好评，在西方艺术发展历程中具有里程碑的意义，至今仍然受到世界各国人民的青睐。

美国著名的极简主义画家阿德·莱因哈特（Ad Reinhardt）的早期作品具有鲜明的抽象主义风格，后期受到蒙德里安的艺术启发，开始在绘画创作中加入矩形色块的艺术元素，从而发展成为具有极简主义以及对称构图的绘画风格。在其单色的作品中蕴藏着未经训练的普通观者难以察觉的极其微妙的层次变化。莱因哈特摆脱了以往绘画表现形式的束缚，追求一种全新的绘画境界，由于他本人对东方艺术略有研究，曾在大学任教讲授东方艺术，因此深受东方文化思想的影响，对东方艺术有着自己独到的见解。在20世纪30年代，曾经尝试利用几何图形进行构图。20世纪40年代，自由拼贴式的构图成为更具造型艺术与立体感的图案。图案的设计理念强调的是一种无情感与无思想的客观表达，避免了传统构图规则的局限。20世纪50年代早期，莱因哈特运用单一色彩进行绘画，如非常深的、近似于黑色的绿色以及红色。20世纪60年代，莱因哈特绘画时偏爱蓝色。之后，在单色块中出现了部分内在形象，以调子或者明度微妙不同的色彩构成了小的正十字形、正方形，或是矩形。

最终，莱因哈特的极简艺术风格在黑色应用中演绎到了极致。具体来说，在一个五平方英尺的平面中，画出九个等大的黑色方块，此类黑方块没有纹理，彼此间没有任何联系，也不存在任何改变，看不出任何思想感情与内涵。因此他对好的设计师的评判标准就是能够保持相同的纹理与图案，同样的造型，采用相同的色彩，重复同样的部分，具有绝对的统一性与一致性。排除构图的特殊布局，排除线条的运用，不设计具有强烈冲击力的视觉元素，不设多余的色彩装饰，不表达任何个人情感与思想。

在人与自然的关系表达上，极简主义艺术家卡尔·安德烈（Carl Andre）采用了原本、单纯的艺术表现形式。这种艺术表现形式不只是对环境与自然界的反映，还是对事物原本状态的一种体现。他通常采用具有一定纹路的原材料，这些材料质感强烈，一般包括保持原色的铁板、枕木、砖，并且在色彩方面不会进行任何特殊的艺术处理与加工。他对中国传统文化十分着迷，曾经研究过老子的《道德经》，并从中汲取大量艺术创作的灵感，通过作品将中国传统文化中"道"的思想精髓展现出来。在设计之初会对原材料稍加处理，使其在之后的艺术创作中能够保持事物原本的状态。

他所做的仅仅是将材料铺于地面之上呈现出某种固定的形态。在木材的运用方面，他将枕木铺成一条放在森林之中，犹如一条通往前方的幽深小路，实现了自然与艺术的完美融合，促使人很难辨别出自然界中经过人为艺术改造的部分，安德烈创作理念中的任何一个客观事物，比如一座山、一片大海、一棵大树带给观众的价值远远大于其作品价值本身。安德烈的作品风格强调对客观自然的呈现，这与中国传统道家思想提倡的崇尚自然的观点相吻合，借助事物自身的自然状态来展现个体的内心感受。

美国艺术家唐纳德·贾德（Donald Judd）认为绘画的束缚不再存在，一件作品可以作为其自身而具有力量，真实的空间本质上比画在平面上的空间更加明确与更具力量。

他在强调材料、形式的单纯性上是最为充满激情的拥护者。他认为"一个形状、一种体积、一种色彩和一个平面就是指它本身。我们不应该把它们表现为某个相当不同的整体的一个部分。形状和材料不应为内容的牵强附会改变。"

所谓物质指的是物质本身，无论是木材还是塑胶、铁、树脂玻璃等。此类材料属于具有特殊属性的一类物质，即它们不可随意涂抹油彩，难以与其他事物发生作用。贾德的作品盒子造型中的对称风格所要展现的就是观众从各个视角欣赏作品本身所呈现出的状态是一致的这一观点。因此，许多作品能够颠倒，能够从任一视角欣赏它、接近它。不对称构图方式是贾德擅长使用的艺术表现形式，这种形式不再强调作品构图元素的关联性，由于此类不对称形式在单一构件中无法得以实现，因此通常借助构图使其表现出来。且不存在较大变化，仅仅是对基本单元模式展开重复，进行具有规律性的排列展示。对于单元展开重复体现，等距摆放长方体，在不同单元之间用铅板或镀锌板隔开。在作品的色彩运用方面，虽然他有时采用较为强烈的色彩镀饰铝材，然而大部分情况下使用的还是不加任何涂饰的镀锌铁板，更加强调物体中性的本来状态。这些肉眼可见的立方体，没有过于丰富的情感流露，没有过多的人为改造，就是如此客观且真实地呈现在观众面前，使观众产生一种强烈的真实感与力量感。

拒绝意识、打断关系纠缠体现的是极简主义的动机，从本质上看，此类极端的表现正是极简主义对于单一性的极致追求的反映。多种艺术形式的彼此融通其本质就是极简主义对于单一性的追求。极简主义强调物质的客观性的展示，希望借由物质的客观呈现唤醒大众内心丰富的精神世界，它在外观方面没有设计极具视觉冲击的艺术元素，也没有任何多余的装饰，而是简单直白地将物体呈现出来，借由事物的本体启发大众内心的反思。

一般观者认为极简主义风格的艺术作品的基本倾向是单纯的、表面的，排斥那种蒙德里安与康定斯基的精神诉求与哲学含义，它所展现出来的事物实在、简单、直白，让大众在思想上不会产生多余的假设与想象，促使大众不得不在真实的物体本质面前反观内心，不单单是简单的重复与描述，而是借由客观事物来反映真实的内心世界。

二、极简主义风格在服装设计中的应用

（一）极简主义风格的出现

近年来，我国经济快速发展，人们的生活水平与质量得到了改善。人民的温饱问题已得到了基本解决，并且经济发展足以满足人们日益增长的物质需求，物质的富足促使人们对物质层面以外的事物产生了购买欲望，相应的消费观念也发生了巨大改变，通过恩格尔系数的降低我们可以看出，人们正在从对物质层面的需求上升至对精神层面的需求。

消费观念逐步由过去的以物质为主转向以文化精神消费为主。

1. 日常生活行为的需求

自人类社会发展以来，所有创造性的活动都是围绕人类需求展开的。一件有价值的成功作品我们可以认为是能够改善大众生活方式，并为大众生活提供便利的商品。设计活动的目的就是为了解决人们日常会遇到的各类问题，从而满足人们的各种需求。

人类的需求是随着社会发展而不断丰富起来的。美国著名的心理学家马斯洛提出人类具有五个层次的需求，由低向高依次为生理需求、安全需求、社会需求（爱与归属感的需求）、尊重需求以及自我实现需求。随着社会的不断发展，人类的设计作品不单单是为了满足人类对安全感的需求以及生理方面的需求，还是为了满足群体社交需求乃至自我实现的需求。不同的商品能够满足不同层次的需求，也因此使作品形成了不同的设计风格。伴随着商品对人类更高层次需求的满足，自我实现需求的实现越来越受到大众的关注（所谓自我实现主要是指人们需要表现自我才能，发挥自身潜力；只有当个体的潜力得到最大限度的发挥以及展现出来时，个体才会得到最大程度的满足。）个体自我价值的实现将成为产品设计的主要依据，是未来产品设计的发展趋势与方向。

极简主义风格的设计作品最大限度地实现了个体的自我价值。该风格作品本身为消费者留有极大的发挥与想象空间，每位消费者能够根据自身的喜好与生活习惯赋予作品不同的内涵，充分满足人们不同层次的需求，是一种能够充分发挥消费者主观能动性，以及实现自我需求的艺术风格。极简主义的艺术作品强调作品自身的实用性与功能性，在追求极简的外部造型的同时，最大限度地考虑到大众的内心需求。一件产品设计的初衷就是为了满足大众的需求，因此简洁大方的设计更加符合人们对于产品的需求。极简主义的作品不存在繁复的装饰设计，不存在难以理解的创作理念，并可以促使消费者更好地体验与享受生活。例如，CROCS 品牌设计的洞洞鞋，一方面满足了大众对于鞋的舒适易穿性的需求，另一方面又满足了大众审美情趣中对怪异美以及个性化的追求。

2. 简单生活方式的追求

此次极简主义的出现不仅是一种艺术风格的体现，而且是一种生活方式的呈现。要想满足大众的日常需求就要从改善大众的生活方式做起，产品设计的初衷就是为了改善大众的行为方式与生活方式。一件产品之所以能够得到大众的追捧与青睐，主要源于它超强的实用性与便捷性，并且能够做到物美价廉。设计师对于生活的热爱之情与对产品研究的钻研程度都可以通过产品反映出来。随着经济的发展，人们的生活水平不断提高，生活方式也随之发生改变，人们内心感到越来越安定与满足，整个社会都处于和谐、稳固的状态。因此，人们生活水平的高低直接影响着一个国家社会的文明程度，人们生活方式的改善是人们生活水平得以提高的体现，而生活水平提高可以促使大众拥有更加积极的生活态度。采取简单的生活方式，保持对事物本真的积极探索，促使自然的和谐发展是极简主义所提倡的一种生活态度。

只有不断地对大众的真正追求与生活习惯展开研究才可以从本质上促进大众生活水平的提高。产品设计一方面要考虑它的实用性与便捷性，另一方面还要满足人们日益提高的审美品位与审美情趣。从产品使用方法角度出发，要根据大众的使用习惯进行产品设计，同时还要充分考虑到大众的内心需求，从根本上研发出一款真正符合大众需求的产品，通过不间断的尝试发现一种行之有效的方法以满足大众需求。与此同时，设计师不仅要从消费者当下的需求出发，而且要从引领消费升级的角度出发，主动预测与设计出一款可以改善大众生活方式、满足大众未来生活需求的产品。我们说，产品使用方法的改变能够促使大众生活习惯的改变，因此产品成为大众生活方式的主导者。设计者要不断根据时代发展需要以及大众的心理需求，设计出更加优秀的产品，从而不断提高大众的生活质量与水平。

3. 环境意识的崛起

由于大众越来越意识到精神层面的需求本质上就是一种消费意识的转变，越来越多的个人与团体开始探索生活氛围对人心理活动所产生的影响：一个相对温馨舒适的生活环境，可以使人的内心得到真正的放松与愉悦，这已经逐渐成为设计师进行艺术创作的新目标。人们努力奋斗就是为了能够拥有一个安心舒适的居住环境，然而生态环境的日益恶化成为人们当前亟待解决的现实问题。生态环境的不断恶化使得原本优质的自然资源不再满足人们的需要，原本鲜花遍地的景象变成了黄沙漫天，原本清澈见底的溪水变得浑浊不堪，原本的蓝天白云变成了乌云蔽日，自然生态环境的改变使人们的内心越来越惶恐，人们也逐渐意识到问题的严重性，并且开始积极采取一定的环境保护与环境治理措施，从实际行动中养成勤俭节约的美德，从节约每一粒粮食做起，杜绝浪费。在产品设计方面也融入了环保理念，通过极简主义风格的设计产品增强大众的环保意识，首先从产品材料角度出发，注重产品材料的选取与品质，不浪费任何资源。而美国在20世纪五六十年代提出的“有计划的废止制度”正是这一理念的体现，他们不断对产品进行完善，改善大众的生活质量，不断迎合消费者的内心需求，从而提升消费者的满意度。在设计的不断改进与完善中，设计师越来越强调大众诉求、社会效益与生态效益的和谐统一，自此极简主义再次成为消费市场的主流趋势之一。

（二）极简主义风格的特征

极简主义强调客观的事物自有其原本的美与真实，若是艺术家将个人的情感与主观判断减弱至最低限度，事物本身就可以显示出其特有的美感、真实性与特征。大众所倡导的简约其本质是一种更高层次的创作境界，而绝非简单的设计元素的缺乏。设计方面坚持以人为本的原则，注重作品的实用性、舒适性，在制作工艺与材料选取方面极其考究，在结构设计方面追求和谐统一，同时也注重作品理念与思想的传递。简约而不简单是极简主义风格的原则，是原本物体经浓缩、凝聚最终整合出的一种价值形态，是借助不断的删选精简出来的最有价值的部分，其中设计师在作品的结构设计、色彩搭配、造型选择以及其他方面均是经过精心设计的，通过设计师对艺术元素的巧妙运用，使得产品焕发出新的生机，反映新时代的精神追求与当代社会的时尚追求。

1. 材料特征

在材料的选取方面，极简主义强调设计者应从以往的设计理念中彻底摆脱出来。此风格的艺术家大多采用工业或者非天然材料，比如不锈钢、电镀铝、玻璃等材料。在进行艺术作品的设计时，工业材料的应用要求艺术家应当具备工程师的特征，作品可以呈现出工业材料的艺术性，尽可能降低其社会属性的存在感，促使其仅表达产品的自身属性，减少给观众带来的影响力以及附加的想象力。莫里斯在《艺术形式》中提到，在通过实物表达一件作品时，观众要看到的是艺术家对材料的合理运用以及作品想要表达的理念。艺术家在创作中会提前对材料进行预估与精心挑选，虽然在艺术创作过程中设计者对青铜、大理石与木头进行了改造，使其变成了某一固定的造型，但是这些材料自身带有的自然痕迹已然被保留了下来，诸如大理石纹、木纹等，这些都象征着材料自身强大的生命力。

2. 色彩特征

极简主义艺术作品当中使用的色彩相对较少，一般仅采用一种或两种，这是极简主义的共同特征。为了顺应现代主义风格的发展，极简主义在色彩应用方面常以黑白灰或者明亮纯色为主。在作品设计过程中，通常选用一种元素的原材料，以此来统一作品色调，虽然不同的艺术家对于色彩的感知能力不尽相同，但是大多会选择以饱和度较高的颜色或者灰色作为主色调，以便体现出作品的空间立体感与光感变化。

3. 构成原则特征

极简主义追求无主题、无内容的表现，作品采取系列化的方式与观众进行沟通。同时极简主义强调艺术呈现的统一性，尽量减少与主题无关的艺术元素，没有令观众产生空间深度幻觉的视觉创造。极简主义更加强调选择各种设计元素以实现艺术家所要展现的艺术风格，不再过多注重不同元素间的彼此协调，不再刻意追求整体的均衡。从艺术家的视角出发，美国著名艺术家波洛克在作品上没有过分强调整体的对称有序与统一性，但是在他的作品中，不难发现其对细节处理的重视程度。

由于作品自身纯净简单的特征，作品摆放倾斜度与摆放方式对大众的吸引力是有明显差异的，因此对于观众与作品的关系应当高度重视。从作品设计元素角度出发，越是直接、简单的作品越可以提高大众的关注度，并形成强大的视觉冲击力。风格统一的作品可以使其看起来更具艺术审美价值，深得广大消费者的喜爱与追捧，然而 20 世纪下半叶诞生的极简主义风格更加强调作品元素的单一性，从另外一个角度可以看出艺术家对于生活的感悟，他们想要借助这种极简主义艺术风格来表达自身对于社会动荡的不满。

4. 制作工艺特征

从制作工艺角度出发，极简主义风格更加推崇机械化的批量生产模式，并要求雕塑艺术与绘画艺术作品的表面保持光滑平整，突出机械化大生产的工艺特征，尽量不暴露出人为改造的痕迹，在色彩运用方面，要尽量避免出现颜色衔接不当的情况出现，因此，尽量选取统一的色调。在雕塑设计方面，要求将雕像直接立于地面进行艺术创作，使作品看起来具有一种和谐美与整体美，避免出现视觉效果上的不协调问题。此外，无论是在作品的表达方式与色彩搭配方面，还是在作品的加工工艺与材质选择方面，艺术家都处理得相当严谨与细致，他们更加注重对作品本身的研究，使得作品的分量感与质感得以体现，自然而然形成了一种强烈的存在感与空间感。

（三）极简主义风格在服装设计中的应用

极简主义风格在服饰设计方面的应用体现在方方面面，既包括造型方面、结构方面，同时又包括材料与装饰方面，总体来说，服装设计的每个环节都要求体现简约性与单一性。从服装设计语言的角度看待“极简”代表着对精髓的提炼以及对烦琐的摒弃。服装不仅强调外部造型设计的极简主义风格特征，同时也表达出了大众对简单、理性的内心追求。下面就对极简主义的设计风格展开讨论，首先从服装设计元素的选择方面展开分析。

1. 极简主义风格在服装面料中的应用

“简单中见丰富，纯粹中见典雅”是极简主义服装遵从的设计原则。极简主义风格服装更加注重服装的结构与面料的选取，在装饰方面并没有过多的要求，该风格服装强调简洁、舒适与优雅。因此，极简主义服装在针脚处理方面极其细致，在面料成分的选取方面也极为考究。以设计师 Jil Sanger 为例，她发明创造了一系列新型面料，能够根据不同的服装要求来选取亚麻、天鹅绒或混纺羊毛的制作材料以突显服装所要表达的感受。极简主义通常会选取固定的几种面料，如冬天的服装他们通常会选择较为厚重的精纺呢绒，而夏天的服装通常会选择雪纺、麻、面等材料。极简主义风格不会过多强调女性特征，因此几乎不用诸如刺绣、蕾丝以及缎带等配饰。

服装立体感主要体现在三个方面，具体来说，其一是对其材料提出一定要求；其二是无须过于繁复的服装配饰；其三是在服装结构方面，不提倡选用大面积的复杂图案面料，要最为直观的艺术表达，以避免出现设计理念表达受限以及服装质感无法体现的尴尬。

除此之外，值得一提的是无论是极简主义还是结构主义都比较喜欢选用新型材质。

极简主义产生于经济大萧条时期，人们最初对极简主义并没有较为清晰的认知，伴随着时代的发展与变迁，人们的认知水平也在不断提高，对于极简主义风格所表达的内涵有了全新的认知，因此，极简主义风格在经济繁荣时期得到了大众的青睐与追捧，而极简主义对于新型面料的追求也是彰显自身设计理念的一种呈现。

20 世纪 90 年初期，日本的山本耀司采用保持原有几何图形的木板拼接成的一款结构主义风格的、极具轮廓感与立体感的背带裙。

另外，极简主义对面料的选择有其固定的标准，冬天的服装以结构组织各异的精纺呢绒面料为主，夏天的服装通常采用较有质感的混纺面料、雪纺、麻以及棉等。更为突出的是，中性美是极简主义风格的一大特征，因此诸如刺绣、缎带、蕾丝等偏女性化的设计元素较少运用。

2. 极简主义风格在服装色彩中的应用

含蓄与清新是极简主义风格主要体现的色调，常以灰色、白色、黑色为主。除此之外，还包括明度较低的漂白色、本白色以及明度较低的绿、红、咖啡、蓝色系等。一般情况下，极简主义不采用多余的装饰，也不进行图案的设计。在色彩搭配方面，通常会选取大面积的同一色系，或者选用中性色呈现出的一种统一和谐的美感，将极简主义服装的简约大气、优雅大方充分表现了出来。在色彩选取方面，以相同或相似色系的设计为主，一般来说很少选用色彩对比度较大的颜色，这样才能将服装的质朴与优雅展现出来。

极简主义服装基本不会选择带有图案的面料，一般采用单一色系，这在一定程度上继承了极简主义的风格，使画面无限简化，因此该风格在服装上表现为块面单色彩的应用。

由色彩的统一要素而决定的同色调配色指的是色彩的“单纯化”，它是配色美的原理之一。

配色方面需要注意控制与明确整体色调，如白色调、灰色调等。服装通常会选用单一色系以突显服装的整体性效果，给人以简练、整洁的视觉效果，这种色彩的选择与应用可以加深消费者对产品的印象。采用相同色系或色调通过面的形式呈现在大众面前，除了给人以整体性的效果之外，还可以给人以较强的空间感，这种色彩并非单一的颜色，而是综合运用多种颜色与材质所表现出来的艺术效果，这一运用不同于简单的颜色运用，而是借助多种相互协调的颜色体现出勃勃生机，以及强烈的生命力与艺术感染力，使得空间更具艺术张力。

3. 极简主义风格在服装款式中的应用

在服装款式方面，极简主义强调基础款的应用，具体表现在裤、裙、大衣、西装以及衬衫等基础款上的巧妙构思，如添加一些细小的点缀，或是艺术设计改造，等等。在服装设计方面强调简约，拒绝一切复杂的配饰以及图案设计，呈现出一种比较极简的艺术风格。需要特别注意的是，对服装设计做减法并不单纯意味着忽视对于服装细节的处理，而是促使那些看似较为新颖的视觉呈现在确保服装功能性不受影响的前提下，给消费者带来的与众不同的视觉享受。此类“简约”对服装设计师的综合设计能力、审美标准、设计构思均有较高要求。

设计的第一要素是廓形，既要考虑与人体的理想形象的协调关系，又要考虑其自身的平衡、节奏与比例。这一点在极简主义与结构主义中表现得较为明显。结构主义通常采用的是形状各异的几何图形拼接起来的一种外形设计，而极简主义一般是采用形状相似的图形组合在一起的一种外形设计。

4. 极简主义风格在服装造型元素中的应用

对于坚持极简风的服装设计师而言，他们认为人体本身就具有一定的形状，且可以将服装的整体轮廓展现出来，不需要太多的设计加以装饰或是修饰，只要让服装设计的造型与人体本身彼此协调就可以，这种风格强调的是简约与舒适，不用进行一些造型方面的设计。可以说，极简风的服装设计是在简单的外表下隐藏着对人体与服装结构进行的复杂的研究与应用。

从服装结构方面分析，不同于以往的结构设计，极简主义风格寻求一种大胆的突破。正如英国服装设计师麦昆（Mc Queen）的创新做法一样，如层叠、反复拆解、再生、重组与撕裂，通过这些设计手法赋予服装强烈的艺术活力，而这也正是其魅力所在，这种艺术表现并非只是简单随性的发挥，而是艺术家经过深思熟虑后的艺术创作，在强化单一性的过程中寻找到更为完美、更为合理的结构方式。英国设计师别出心裁地使用分割线使得其服装设计风格得以从众多同类设计作品中脱颖而出，形成极具个人特色的极简风服饰。

从本质上来说，他对分割线的灵活应用完全取决于他对与服装相关的不同领域的认知程度的深度，包括人体美学、面料材质等。在分割线的应用中，分割线基本上采用的是曲线分割的方式并呈现出对称分布的特点，这些都是由人体曲面特征所决定的。英国设计师麦昆非常巧妙地将分割线的功能发挥至最大。

英国设计师麦昆为了彰显其设计的独特性，在面料的选取、色彩搭配以及分割线上的应用进行了大胆的尝试。由于他对人体结构的熟悉度之高，使得其在艺术创作中能将人体不同部位的特征展现到极致，尤其是女性服饰的设计，如胸部设计为贴合身体的设计方式，将人体胸部的曲线美显示得更为突出与明显，将女性的性别特征尽可能地展现出来；其腰部设计为深 U 型，这样的服饰设计可以将女性腰身无限收缩，使得腰部从视觉效果层面来看更加纤瘦，将女性的曲线美发挥得淋漓尽致；而腹部则采用了 X 型的造型设计，同样是将女性的人体特征充分展现出来，背部以及臀部设计勾勒出人体的完美曲线，从而使得女性需要展现的部位美都得到了最大限度的彰显，这些都得益于分割线与人体结构巧妙与灵活的融合运用。

（四）极简主义风格在服装配件中的应用

一切服装风格都与装饰有着紧密联系，风格不同其服装的装饰手法就会不同，曾有部分服装设计师表示，极简主义风格的发展史是以服装装饰作为主要标志来进行划分的。通常来说，从装饰设计方面来看，极简主义与结构主义具有极强的相似性，杜绝一切过于复杂或者多余的装饰，借由服饰本身的结构来彰显其设计理念与内涵。极简主义在产品设计方面倡导的是一种简单而又不失特色的创作理念，通常不会采用诸如包、帽子、首饰等配饰。所搭配的鞋也没有任何装饰，色彩素雅，造型简洁。

德国设计师吉尔·桑德将极简主义在装饰方面的特征发挥到了极致，

尤其强调不能让过于繁杂的装饰夺去原本属于服饰主体的风采，因此在她的时装秀上从未见过模特身上佩戴过任何配饰，就是为了将服装的设计风格与特色最大限度地展现出来。极简风一向备受大众追捧，德国著名品牌吉尔·桑德因其简洁的线条与节俭的美学而闻名。因此说，吉尔·桑德的简洁才是最具有说服力的。

第六章　传统服饰文化对当代服装设计的影响及传承

第一节　传统服饰的艺术特征

一、造型精致而含蓄

因为中国人民自古以来都爱好和平，具有中庸知足的性格特征，所以，中国传统的服饰都带有含蓄婉约的特点。儒学中所说的中庸的“中”和中国里面的“中”都体现了追求和谐的态度。同时，在中国的传统服饰文化里也明确地反映了这一点，中国的传统服饰大多使用了半适体的形式，它不会像西方服饰那样精确地展现人体的线条。也不会像古希腊时期的一些国家那样只用一块布随意地把身体裹住或者披盖住，而是追求一种既把身体包藏住又会若隐若现人体的含蓄之美。从古至今，我国的先辈就以和作为中华民族的一种传统美德。同时也认为，幸福的真谛并不只是物质的进步，更重要的是精神娱乐的休闲，在服装文化中体现为追求和谐、随意的造型。从而给人一种平和含蓄的美感，而不是过分的夸张和刻意。因此，在传统服装的设计与制作中，设计师要凭着自己的经验与直觉，创造出给人以含蓄之美的服装作品。而不是像西方国家那样基于数理的精确尺寸展现出的理性美。

中国传统美学追求的是含蓄之美，设计者通过这样含蓄的表达手法把情感融入作品的形象与意境，以达到启发人联想的艺术效果，这与中国画的写意手法有着异曲同工之妙，不会特别去追求对事物的客观呈现，而是更强调那种带有朦胧感的含蓄之美，在虚实关系上更加突出“虚”的重要性。在服装设计中，设计师带着这样的思想进行创作，不刻意追求精确的数字和形式上的客观美，而是更加强调灵动、不着迹象的美，含蓄的情感表达与意境。例如，设计师会把几何图案、动物图案、花草图案等变形后以抽象的形象呈现在宽衣大袍上，从而展现和伦理、政治相关的意向。

1. 款式特点

在中国的传统服饰中，最常见的服装外形是长衣宽袖，如长衫、袍服等。宽松的服饰披挂在身上，并用一根宽腰带进行束腰，从而形成一些很自然的褶皱，整体上呈现出直线感，并且给人非常飘逸的感觉。这些长衫、袍服、罗裙等典型的传统服饰很少是经过裁剪的，都是由一整块大大的面料制作而成。正是由于裁剪很少，款式就会相对简单些，为了使衣服更具特色，设计师会在上面添加饰物进行装饰，并进行绣花、收边等工艺制作。这些都很好地体现了中国古代含蓄的人文理念。

在中国现代，传统的中国服饰主要分为两种风格，即中式与西式。这两种风格的服装在经过了数千年的演变之后，形成了各自不同的风格，在款式、工艺、色彩、文化等多个方面都具有独一无二的特色，很好地突出了地域性与民族性。

2. 样式

中国传统服装样式是前开襟，前开襟又分为大襟与对襟两种样式。这样的服装风格早在黄帝时期就已经初步形成，随着这种服装样式的推广和发展，出现了当时两种基本的服装形制，一是上衣下裳，二是衣裳连属。随着我国几千年社会的发展，这两种形制在使用上也发生了很多变化，展现出明显的区别，慢慢演变成男性的连属式服装，女性则多为上衣下裳。

3. 外形特征

中国传统服饰通常会使用纵向装饰的手法，在进行服装架构设计时会采用竖向的线条。服饰呈从衣领处一直下垂的样式，肩部会和身体自然地贴合，不会进行过多的修饰。衣袖长且宽，并盖过一部分手，长袍裙长至脚踝，这样会显得人更加挺拔且修长，展现出健美的视觉效果。会出现这种样式的原因可能在于黄种人通常身高不及黑人和白人那么高，因此会选择这种方式以在视觉上达到拉长人体的效果。

对于亚洲人身材偏矮的情况，服装在外形设计上多会采用纵向的方式，从而在视觉上给人一种修长的错觉，从而使人体比例更为协调。这样的服装会让人显得更加健美、窈窕，同时也和亚洲人含蓄的面部线条相统一。我国传统的服装——旗袍，原本并不是像现在这样修身的，在清朝贵族中非常流行旗袍，而那时的旗袍是较宽松肥大的，在下摆与袖口处都会呈现出扩展的趋势。清朝的妇女头上会带很高的旗髻，脚下会踩着高高的厚底旗鞋，整体上会显得她们的身材更加修长和窈窕。

4. 结构特征

中式服装在结构上通常会采用简单的平面裁剪方式，每一件服装只有基本的结构线，衣身与衣袖是一体的，不会分开。这与西方服装是不一样的，西方服装通常使用的裁剪方式会把人体所有独立成面的部位单独构造出结构，这样就会区分出很多结构线，这样的服装与人体是很贴合的，所以穿起来舒适且活动方便活动方便。

对于东西方两种风格的服装可以用绘画和雕塑进行形象地比喻。中式服装就像山水画，反映出平静、美好的内涵。西方服饰更像是一件雕塑，一个充满活力的物体，符合人体运动规律，并在现代世界深受人们的喜爱。

二、色彩和谐而自然

传统服装通常以艳丽的色彩为美，这与历朝历代的风俗和信仰有些密不可分的关系，红色和黄色通常是皇室最喜欢的颜色，他们会用这两种颜色来展现自己的大气风范。官员则多使用蓝色和黑色，以显示法制的严肃和自身的清正严明。书生大多穿白色的长衫，给人一种飘逸、洒脱的美感。老百姓则会穿灰色的麻衣，具有自然、质朴的特点。女性大多穿彩色的衫裙，显得更加贤淑、清秀。这些不同的服装色彩为我国多彩的服装色调奠定了一定的基础。

在艳丽的传统服饰中，通常会使用多种颜色对比的方式进行配色，使颜色和谐地搭配在一起，不仅色彩鲜明，而且还带有自然和谐的美感。为了使色彩搭配得更加和谐，会采用不固定、不对称的用色方法，使色彩以不同的形状、面积在不同的部位进行聚散和组合，从而在服饰上呈现出和谐统一、主次分明的效果。

在上古时期，祖先们都认为天帝是黑色的，它是至高无上的权力的象征。所以，在封建社会早期，君王的冠顶与袍服都会制成黑色。后来，封建专制越来越盛行，开始实行分封土地制度，人们慢慢对大地产生了崇拜之情，黄色也就成了尊贵的象征。君王们便开始使用起了黄色，象征着自己的崇高地位。

在我国的传统社会中，非常流行五行学说的说法，五行分为五种颜色，分别是红色、青色、黄色、黑色以及白色，人们普遍认为这种颜色是正色，正色大都被上流社会所使用，以此来彰显自身的高贵身份。虽然在民间服饰中，也有很多艳丽的颜色，但是这样的正色依然被百姓推崇和喜爱。

我国传统服饰在配色上对比分明，颜色非常艳丽。有些强烈的对比色会给人很大的视觉冲击，因此，人们会使用一些中性的颜色对其进行缓冲，使服装整体看来不仅有着鲜明的颜色，同时又带有一种沉稳、端庄、大气的风格。有一点不得不提，那就是我国民间传统向来非常喜欢蓝色，原因在于蓝色和我们的黄色皮肤非常相称，搭配在一起十分协调，会给人一种自然亲近之感。

1. 面料风格

在我国古代的服装设计上，会使用很多类型的面料，比如被西方世界称作“中国草”的苎麻，以及葛腾、大麻等都可以被用来制作布料。我国最有名的服装面料要数丝绸了，丝绸是我国古代人民智慧的结晶，为世界纺织品的发展与进步做出了不可磨灭的贡献。在元朝时期，棉花才从印度来到了我国，然后便广泛发展起来，人们从此开始穿上了棉布衣服。

麻纤维十分耐磨，并且有着一定的潮性，这是由于麻本来就是生长在水里的植物，它的纤维具有不错的防水功能，而且耐高温，散热效果也好。麻是天然的植物纤维，用麻制成的面料与人的肌肤很贴合，而且还能保护肌肤，可以对身体的温度进行调节。

丝绸是用蚕丝制作而成的面料。其可以分为很多的种类，每个种类都有各自的特性。丝绸是非常轻薄透气的，而且颜色很漂亮且带有天然的光泽。另外，蚕丝本身含有蛋白，可以起到滋养肌肤的效果，因此非常适合用来制作女性的服饰。直到现在，市场上丝绸面料的服装依然深受大众的喜爱，同时价格也比较昂贵。

棉面料具有穿着舒适、吸汗、容易皱、容易变色和被染色的特点。不过，棉面料清洗起来比较方便，而且成本低，价格便宜，所以深受大众的喜爱。

在古代社会中，在面料的使用上有着一定的等级制度。因此，社会层次不同的人们在面料的使用上也有着明显的区别。普通百姓通常都会穿棉麻面料的衣服，而上流社会的人们则大多穿丝绸面料的衣服。

2. 服装装饰具有象征性

服饰通过自身的形式对人们的思想、社会制度、地位与身份等进行了反映，属于一种文明符号。因此，服饰文化不但有着非常丰富的知识以及系统的技术，而且还蕴含着不同时代人们的思想、风俗、伦理道德等群体观念。

服饰不仅能够生动反映社会成员的内心世界，也能反映出一个民族的精神内涵。服饰不仅是丰富的物质文化成果的代表，而且服饰文化也反映了人们的群族思想以及民族情怀，表现出了人们的社会状态，有着非常重要的文化价值。

服饰上面的图案是代表本民族文化信仰的符号，服饰的样式是对民族情感的形象化。在艺术文化中，服饰文化占有一定的地位，蕴含着我国深厚的民族文化底蕴，是历史文化的载体，具有非常重要的参考价值。传统服饰多种多样，每一个种类与样式的背后都蕴含着传统文化，对传统服饰文化进行深入的研究，可以更加客观的对各个历史时期的社会文化进行了解，在发展与继承民族文化上有着非常重要的参考价值。

我国的传统文化元素是多种多样且丰富多彩的，每一种元素的背后都有其独特的寓意与内涵。西方文化的审美更注重生动形象，而我国则不同，尤其是在服装设计上，我国继承了传统的艺术审美观，更加注重传神而非写实，追求清新脱俗、自然古朴的意境美。虽然传统服饰是现实的作品，但却是抽象的文化表达；不仅要有美丽的外在形象，还要生动且传神；不仅有明确的风格样式，还在其中有着未知的内涵。这样的作品有着丰富的意境内涵，如果审视的眼光不一样，那么感受到的效果也是不一样的。这些年来，设计师们广泛使用像中国结这样的元素，并将其加入自己的创作，以此向人们传达渴望美好生活的愿望。我们可以从传统艺术的发展中看出，艺术是一个开放的系统，它是在新的物质、观念和技术的共同影响下通过不断的更新、容纳而发展起来的。传统艺术的内涵并不是与生俱来的，而是经过了长期的历史精神文化的积累而来的。在西方世界中并没有吉祥文化，吉祥文化是东方世界独有的，它有着非常丰富且广泛的题材与形式，在世界的艺术殿堂中傲然而立，其独特的魅力是无法被代替的。

对于我国传统服装文化的精髓，我们要努力继承与发扬，借鉴其优雅的外在形象设计，发扬其丰富的文化意境，还要传承其洒脱的神韵，在现代的服装设计中充分运用传统文化元素，延伸其文化内涵，使精神文明变得更加完美。通过国际现代化的设计语言运用精神文化元素，慢慢融汇成新颖且富有内涵的艺术主流。服装设计一定会向社会性、人文性的方向发展。

第二节　传统服装文化对当代中西方服装设计的影响

一、传统美学思想对当代服装设计的影响

我国的传统文化可以说是包罗万象的，很多现代服装设计的灵感就来源于此，只有对传统服饰文化有了比较深刻的了解，掌握了其中的内涵，设计师才可以对其进行继承和充分的运用，乃至做出创新。继承传统文化并不是说要把自己的眼光局限在一些特定的元素上，而是要在继承的基础上，对其进行不断完善与创新，不仅要有形式上的东西，也要追求其中的内涵，这样才能更好地领略和发扬传统服饰文化的精髓。所以作为设计师，一定要将掌握服饰文化内涵作为一项重要的工作，努力把内涵隐喻到形式的背后，在设计过程中，充分且巧妙地运用这种思想。摆脱传统形式中的一些束缚，创建新的带有民族特色的服装体系。

传统服饰文化是多姿多彩的，它有着非常丰富的历史，为现代的服

饰设计提供了丰富的素材和灵感，近些年来，我国乃至全球都掀起了中国风的热潮，很多国内以及国外的服装设计师们都开始重视传统服饰中的一些元素，将注意力放在了华丽的图案、艳丽的色彩以及宽大的款式上。好多一线大牌的设计师都设计出了很多带有中国服饰元素的新的作品，以表现自己对东方风情的理解和喜爱。那些艳丽且有光泽的面料，有着传统风情的牡丹、凤凰等图案，还有刺绣、盘扣等独特的中式服装元素都开始被设计师们广泛应用，他们巧夺天工的手将中国的独特韵味发挥得淋漓尽致。

这些年我国的经济在不断发展，我国的文化也开始被整个世界所注意到，服装文化作为其重要组成部分，也慢慢得到了人们的广泛认可，开始将追求中式服装作为一种时尚，由此可见，神秘的东方文化开始慢慢走向世界舞台，虽然在时尚界里，每年都会从各种传统文化中汲取很多创意和灵感，但是东方文化始终凭借其自身的独特魅力吸引着越来越多的人的驻足。正是由于传统文化这一特殊且重要的元素，才使得我国的服装能够与国际进行接轨，从而站上世界的舞台。

在现代的服装设计中，我们不能只是一味吸收外来的优秀文化，还要试着将我国民族的、传统的文化元素进行充分利用，让现代设计更好地传承与发扬我国的传统文化，使其更加丰富并超越自身，使我国的传统文化更具生命力，然后让我们带有民族风格的服装走向全世界。

我国传统服饰在美学方面也有着非常独特的魅力，可以很好地体现华夏民族的审美观。由于我国古代在各个方面都深受儒家和道家思想的影响，所以在服饰方面也体现出了中庸以及闲适的风格特点。中式的传统女装会将人体紧紧包裹起来，这样更具神秘感。中式传统的男装则注重工整与修长，使服装更具美感。

传统美学一直是客观存在的，它产生于历史的积淀当中，对以后的设计有着非常重要的影响。传统美学是我们的先辈造就出来的，而现在的我们也在创造着以后的美学。如今我们可以取得现在的成就，是因为我们站在了前人的肩膀上。人类文明史中的辉煌事迹，也都和传统的文化有着密不可分的联系，传统文化对于人类文明的发展有着无可替代的重要地位。例如，十二章纹之制，它象征着我国服饰几千年的等级制度，这样的服章制度从东汉初年到清帝逊位一直沿用着，由此可见，传统美学对于现代服装设计有着深远的影响。随着时代的变迁，有了更多的材料可以选择，工艺方面也有了很大的提升，使设计手法出现了很多新的变化，但是归根究底，传统和现代依然是一脉相承的。

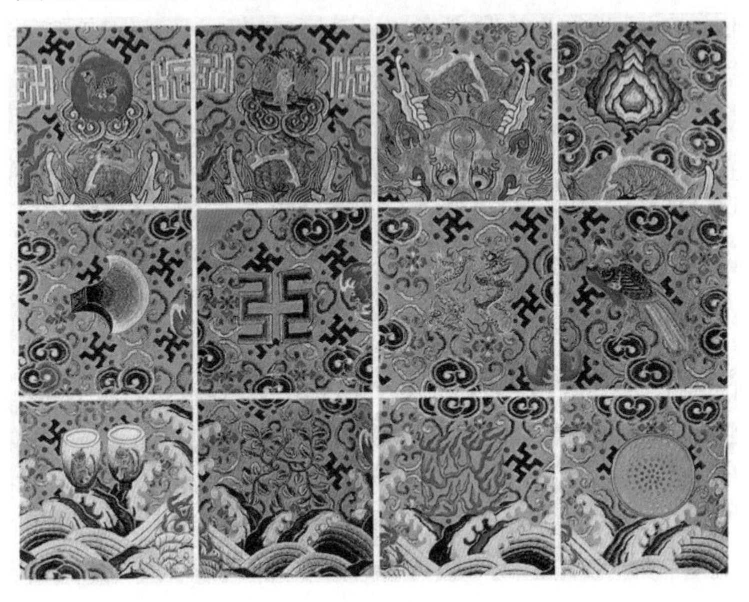

图 6-1　十二章纹

传统美学与现代服装艺术设计之间的关系就像鱼和水一样，二者是无法分离的。我国服装文化历史悠久，带有浓厚的东方情怀和丰富的内涵，其散发的独特气息让世人深深地沉醉其中。当然，不仅仅是我国的服饰文化有这样的传承性，其他国家也是如此。西方世界在百年的时间里从古典转变为现代，从装饰性转变为功能性，同时也开启了风格化的时代，而这个时代的引领者就是一个又一个优秀的设计师们。假如我们按照时间线索去梳理就会发现，时尚的发展离不开传统所提供的灵感，正是因为传统服饰文化所带来的灵感，才使得时尚界发生了一次又一次的华丽转身与蜕变。就像欧洲服饰文化就非常追求时尚创新和标新立异，在服装设计中，常常会深受哥特艺术风格、巴洛克艺术风格等艺术风格的影响。这些风格都是数千年沉淀下来的，但是在当今时代，依然深受人们的推崇，觉得这些是非常时尚的服装。这也很好地说明了不管是在中方世界，还是在西方世界里，现代的服装设计都深受传统服饰文化的影响。

五千年历史的中国传统服饰文化，为人类文明史留下了不朽的篇章，是人类服饰文化学上最有特色的东方文明的代表。不得不说，这是我们本土设计师的特有优势，倘若能加以整理和发掘，并将传统文化运用到现代，推陈出新，配合上现代的高科技，那么这种资源必将是取之不竭的。如果要创造出世界级的服装品牌，那务必要牢牢掌握住本土文化的核心，设计出独特的具有明显传统文化内涵特点的，又兼顾时尚的国际风格。

而当中国传统的民族服饰文化与西方的前卫时尚概念相碰撞时，如此的文化渗透就变成了民族文化的交融。传统的呐喊与现代的张狂，用书卷气对当代的时尚进行转换，具有“新古典主义”和“后现代”的倾向。有人说这是“朋克嬉皮遇着神仙，共占一片天。看也荒诞，想也自然，此所谓禅”。国际各大著名设计师们运用千变万化的形式创作出中西结合后的传统服饰，使这种服饰文化在传统与现代、古典与时尚之间的变化中得到发展。

总之，如今现代服装文化发展迅速，各个国家之间也在积极地互相学习和汲取经验，从而使自身得到更好的完善。令人欣慰的是，如今东方文化正在国际舞台上大露头角，而我国的民族文化身为东方文化的代表，也得到了全世界的关注，特别是其中的民族元素，更是引起了人们的极大兴趣。这正是使中方服饰文化和西方服饰文化相互融合的关键契机，这不仅可以更好地促进我国服饰文化的发展，还有利于新的国际服饰文化体系的确立。

二、传统服装款式造型对当代服装设计的影响

对于服装设计来说，最基本的变化应该就是款式的变化了。款式的变化包括外部轮廓形象的变化以及一些细节上的造型变化。服装线条指的是服装的外部轮廓，此外，服装线条还会对服装款式流行程度造成直接的影响，服装细节造型包括多个方面的设计，如服装的纽扣、拉链、衣领等。我国传统服饰基本上运用的都是平面直线的剪裁方式，从而呈现出二维效果，因此在装饰上大多以二维效果为核心，在着装上更加注重平面装饰。在我国的服装设计领域里，有很多传统的装饰方法，如镶、绣、盘等。虽然我国的传统服饰在造型上是比较简单的，但是在这些传

统工艺的应用下，服饰的纹样会更加精致生动且美轮美奂。

我国传统服饰在造型上大多是平面结构，且以宽松为主。相互缝合的面料在边缘处的形状是没有什么区别的，因此对其加以缝合时，重叠的裁片会存在于同一平面上，完成了上述环节后，一件完整的衣服也就做出来了，将其平摊开来也保持着二维平面。我国传统服装平直且宽松，不强调人的形体，更注重突出人的精神气质，具有飘逸、动态的美感[①]。它不会刻意展现人体特征，而是通过一些样式、色彩、装饰等来进行男装和女装的区分。这种把人体藏于服饰当中的含蓄的装扮，和我国礼教中追求的审美情趣是非常吻合的。

以明代服饰为例，明代的七分袖、花边纹样、层叠的图案装饰等服装特点，在现代服装设计上也有比较广泛地运用。不管是时代的款式还是普通平凡的款式，在许多款式上我们都可以看到这些传统元素的影子，如在婚纱上、礼服上、牛仔服上、又或者是连衣裙上。古代人用来当内衣的肚兜，在现代也流行起来，人们更为开放，将其作为上衣来穿，此外还有许多服装品牌借鉴明代服装元素的例子。

要说到款式的应用，有一个非常具有代表性的款式，那就是旗袍，旗袍是我国服装史当中比较重要的款式。可以毫不夸张地说，脱胎于满族旗女之袍的旗袍是中国文化的象征，人们称它为“中国国服”，一提起旗袍，没有人不把它当作是中国服饰文化的代表，它几乎受到各国人士的一致称赞。宋庆龄女士但凡出席重要会议尤其是外交场合，总是要郑重地穿上旗袍，这也让旗袍出现在了政治的舞台上。

旗袍带有的非常贤淑与典雅的风情这是别的服饰难以替代的。改良后的旗袍可以用多种材料制作，也会因此形成很多不同的风格。旗袍端庄、婀娜，可以很好地代表我们民族女性的形象，展现东方女性的含蓄神韵。现代旗袍出自对我国传统旗袍款式和西方裁剪方式的结合，是中西结合的范例，在几十年来得到了中西方女性的喜爱。旗袍有一点好处就是它不是一个单件的上衣或者下衣，也不是一个套装，而是上下一体的，上下的花纹和颜色都是一样的，因此，身高比较矮的人穿上会显得身体更加修长，即便是中等身材，穿上了旗袍以后，也会显得亭亭玉立。

① 胡雅丽．现代服装艺术设计中传统服饰元素的运用[J]．大众文艺，2008（12）：103-104.

如果是身材比较胖的人穿上，也不会显得非常臃肿，而有一种丰满的美感。瘦瘦的女性穿上之后，则会显得更加苗条，并给人一种精干的感觉。旗袍是我国传统服饰的代表，就像日本的和服一样，非常具有代表性。但是有一点非常值得我们反思，那就是旗袍在当代并未能像和服那样找到它应有的端庄且富有内涵的文化位置。在日本，和服作为特有的服饰形象依然被运用到传统仪式典礼中，而旗袍从某种意义上讲，其国服的价值在跌落，甚至在一些场合成为工作服。时代在呼唤着旗袍的新生，我们要让旗袍再现往日的辉煌。

图 6-2　旗袍

当时装界再度以中国式的一种神秘情节寻找灵感时，旗袍首当其冲成为中国风的主要元素。例如，圣罗兰、迪奥等这些走在世界时装潮流前端的大牌，都曾经将旗袍元素运用到设计中去。一向以典雅、高贵为设计风格的设计师亚历山大麦昆也在春夏发布会上运用了中国传统服饰的元素。她讲究裁剪、结构、线条，并以改良旗袍形式和翩翩水袖形式相结合的方式设计出了令人回味的充满艺术气息的中国情结。

由上所述，传统服饰的款式主要以大度、自由随意以及与大自然和谐呼应为主要风格。笔者认为此类风格可以广泛地运用到现代服装设计之中。并且我国传统服饰的形式也很多，如曳地的长裙、广袖拂风的汉袍、轻薄袒露的唐代人袖罗衫长裙等。在设计现代服装时，设计师应该以现代和传统相结合的眼光来对中国传统服饰元素进行审视，对现代服饰的形式特点以及具体细节进行分析，也可以将中国传统服饰的造型元素拆开，重新进行整合，再注入时尚的气息设计出符合现代审美观点的服装。我们还可以通过对西方服装设计师设计出的成功的例子来学习和思考如何将中国传统服饰的造型加以利用。例如，西欧的服装比较紧凑，大都是根据人体的曲线进行设计的，主要特点是突出身体的曲线。而对于中国的服装，其空间就要宽裕的多，笔者个人认为，这主要是承袭了传统的服饰元素，中国的服装设计师在极力打造着人体与服装之间的活动空间。

三、传统服装色彩对当代服装设计的影响

可以说，色彩是文化的产物，色彩的运用可以很好地反映一个民族的意识形态，就像我国的传统服饰的色彩就带有浓浓的中国风。例如，我国古代的夏、商、周这三个朝代，是非常崇拜天神的，天神可以对世间万物随意支配，天神是以黑色示人的，所以，人们普遍认为黑色就是可以支配世间万物的代表色，因此，那个时期的皇帝加冕服装就会使用黑色。到了汉代时期，人们开始尊崇大地，大地的颜色是黄色的，所以黄色又成了主流颜色，此时的黄色象征着高贵，是帝王的御用颜色。在阴阳五行的影响下，出现了青、红、黑、白、黄这五种正色，多被用于官服中，这就是我国的彩调文化现象。这里的彩调体现的更多的是装饰画面的和谐感。很多服装设计师在设计带有东方风格的服装时，往往会使用“中国红”，比如很多的意大利设计师在设计服装时都会带有中国的色调，这样就能使自己的作品更加华贵，并带有东方气息。

对于服装来说，最引人注目的应该就是其色彩的变化了，同时，色彩也最能体现穿衣人的心情状态，比如黄色象征着爽朗明媚，红色象征着热情似火，灰色象征着低调平实，蓝色象征着沉着安静，黑色象征着果敢坚韧，等等。不一样的色彩会给人不一样的感受，也会使人产生很多联想。

在服装颜色上，我国传统文化向来认为深色更为华贵，然后才是浅色，所以在一些比较正式的礼服上总是会使用深色的织锦图纹，其主色

调往往是一种颜色，然后再在上面加入一些艳丽华贵的刺绣图案作为装饰。而一些居家的服装和平民所穿的服装则会选用淡色。在明朝时期，我们可以从官员所穿的官服颜色来判断其官职的高低。色彩使用的越少，所穿人的官职越低，反之则官职越高。在很多复古服饰设计上，都借鉴了明朝时期服装的吉祥色，如很多婚庆礼服通常会使用红色，以此来渲染吉祥的氛围。但是浅色更多地被用于普通的礼服设计中，这一点是借鉴了明朝初期的服装色调，那个时期通常会用浅色象征服装的典雅与华贵。

古代人还习惯用颜色去象征每一个季节。例如，青色是春天的象征，红色是夏天的象征，黑色是冬天的象征，白色是秋天的象征等，并且也用到了明暗对比、色彩对比等。我国是红色的发源地，它身为我国传统文化中的重要色彩，具有吉祥、喜庆的寓意，不仅仅是在古代，就算是在当今社会，人们依然会使用红色来彰显喜气。翠绿色和红色也一样，是我国的代表颜色，但是设计师们好像更喜欢使用中国红。由此看来，传统服装色彩对于现代的复古服装设计用色上有着非常大的影响。

四、传统面料在当代服装设计中的运用

服装的面料对于服装整体来说，也有着非常重要的影响，其服用性能和舒适度都和面料有着十分密切的关系。例如，面料的软硬、薄厚，面料的垂感、光泽度、弹力等都会对服装的穿着感产生直接的影响。对于服装来说，其垂感、柔软度以及舒适度是最为关键的。

对于一件衣服来说，其物质基础就是面料。面料对于服装是非常重要的，因为面料对于服装的款式、风格有着直接的影响。在明朝时期，使用的面料主要是绫罗绸缎，现代的服装面料是以此为基础改良的，使面料不仅有明代面料的柔软度，还具备丝绸面料的潮性和弹性，制造出了更为舒适、深受大众喜爱的服装面料。

近些年来，纺织技术发展迅速，由此出现了很多的新型面料，这些面料使现代的服装设计有了更宽广的发展空间，面料的各种性能也得到了很大提升，但即便是这样，传统面料的特有感觉仍然无法被取代。像锦缎、丝绸等这些传统面料放在现代社会里，其地位依然是无法复制、无可替代的，这些面料不仅带有中国特色和民族情怀，还蕴含着深厚的

文化底蕴。设计师要做的就是针对面料的特点进行合适的风格设计。例如，丝绸面料不仅细腻柔软，还十分飘逸，就像女性温婉的气质，用它制作出来的女装可以很好地彰显女性的性格特点。如今，丝绸面料在国际上也得到了一定的认可，很多国际上著名的设计师们都会选用丝绸面料来设计服装。

因此，服装设计师们为了更好地传承和发扬传统文化，便将部分传统面料进行了一定的改革和创新，如在丝绸面料中混入化纤材料，这样会使面料更加结实，从而延长服装的使用年限。此外，通过新型技术也使得麻纺织品在种类、质地等方面得到了提升，从而使麻面料的使用更加广泛。目前有很多麻面料的商品也非常的柔软且轻薄，可以使人们对面料细腻的需求、粗犷的需求都得到满足。

五、传统图案在当代服装设计中的运用

（一）图案的定义

图案是在原始社会里将物象的装饰性与实用性慢慢结合发展而成的美术形式，这是人类社会发展的重要产物。从设计的角度而言，图案不仅是基本素材，而且也非常复杂，要想自然地掌握形式美的法则，表达形式美的语言，是必须要对图案进行深入研究的。从广义上说，图案是把自然里的物象通过设计加工形成的具有装饰性与审美性的样式。从狭义上讲，图案仅仅是人们生活用品上的一些装饰。服饰的含义可分为两层，一是指服装及配饰的统称，衣服、饰品等都包含其中；二是仅仅指衣服上的图案。服饰图案则指的是根据审美需求，利用抽象、夸张、变形等手段设计出来的装饰在衣服、配饰上的纹样。

如果要给服饰图案的分类的话，可以按空间中的立体关系将图案分为两类——平面图案、立体图案。按构成形式可分为单独图案，连续图案。按工艺可分为绣、拼、染、缀、缕。按素材划分可以分为风景、人物、植物、动物及抽象图案等。

以上从空间、构成形式、工艺、素材等方面对服饰图案进行了分类，角度不同分类方式也不尽相同。随着技术上的革新、思维方向上的变革、新观点的提出等，随时都会产生更多的图案。

（二）服饰中图案的共通的特征

服饰图案就是装饰在服装上面的纹样图案，这些图案和服装的材料有着密切的关系，它们不仅具有装饰性、功能性等这些基本的特征，还有着自身最本质的特质。

纤维性是指装饰图案与服饰材料的物质相适应所呈现出的美学特征。由于纤维性的种种特点，服装设计师和图案设计者在图案设计及运用时，必须采用勾、织、绣、印染等工艺手段，它们会将纤维所特有的线条特征、凹凸特征、经纬特征等特质变成图案的质感和美学特征。

体饰性是服饰图案符合着装人体的体态而呈现出来的美学特征。服装的初级功能是保护人体，所以装饰在服装上的图案也必须符合保护人们的特征。

动态性是指当人体着装时服装及服饰图案随着人体晃动所产生的美学特征。这种不停变化的动态美，正是体现了服饰最本质的审美效果，达到了服饰最基本也是最终的一种穿着目的，那就是给观赏者展示了穿着者的审美品位及其个性特征。

再创性是服饰图案在面料图案的基础上创造转换的一种独有的美学特征。面料图案和服饰图案是两种截然不同的概念。面料图案是在生产面料时，通过各种工艺手段将图案纹样加工在面料上的。而服饰图案则是通过面料图案结合其他手法二次设计创造出来的，这就是服饰图案再创造的过程。

而中式服装传统图案在这些基本图案的基础上还有别具一格的特色。

（三）传统图案在现代服装设计中的运用

在中式服装上应用传统的图案，可以使我国服装文化的魅力更加充分地展现出来。在现代的设计中，有很多可以运用的传统图案，如明清花并纹样、彩陶纹样等，通过运用这些图案，可以使我国的传统文化成为设计的主题，从而对我国服饰文化的神韵进行凝集。

现代服饰图案既传承了传统图案，又对传统图案进行了创新。中华民族在传统服饰文化上书写下了浓墨重彩的一页，也给传统手工艺留下了极为宝贵的遗产。传统图案的绘制与制作是离不开传统的手工艺的，我国传统手工艺主要包括蜡染、扎染、手工绘染、刺绣、盘花纽扣等。下面就来简要地介绍一下。

蜡染：隋唐时代曾经盛行，至今贵州、云南等地区仍在传承，具有浓厚的民族特色。蜡染是一种防染工艺，可直接在布料或裁好的衣料上，根据设计需要随意进行绘制。由于蜡化在织物上凝固后，经过多次染色，蜡层自然龟裂，蓝色燃料随裂缝渗透，最终形成奇妙的冰纹。

扎染：古代称为绞缬或扎缬，它的特点是扎缝时针足的大小、缝线的松紧和皱痕折叠的变化，加上染色过程中由于浸染时间长短不同，会使染液不能够完全渗透，形成了别致的无规则晕染，颇有一种神奇的艺术感染力。

手工绘染：在纺织织物上用印染染料进行装饰的一种创作手法。手工绘染可以自由构思，可根据服装款式及其所要体现的艺术效果灵活选取纹样并进行布局，能够将绘画艺术、图案完美地融入服装设计。故手工绘染制品最能直观体现创作者的构思创意及个人的艺术造诣。

刺绣：刺绣在我国古代发展了近千年，直到明清时期达到了鼎盛时期。那时出现了很多种类的丝线材料，这对于刺绣技艺的发展也起到了一定的推动作用。我国刺绣工艺可以说是有着非常悠久的历史，并且图案也是各种各样的，在时装中，我们总是会见到很多不同的刺绣工艺，如彩绣、珠绣、帖绣、盘绣等。随着科技的进步，人们生活方式和生活观念的改变，女装也发生了划时代的变革。服装的面料不仅更加轻薄舒适，典雅简洁，而且还性感娇媚，很好地突出了女性的曲线美。这些年来，夏季的女性服饰通常会带有小花的刺绣图案，抑或是在前胸位置带有我国传统的象征吉祥的图案刺绣，在袖口、领口等位置会加以刺绣绲边，也会在衣服上镶嵌亮片等，这样会使穿着者显得更加活泼自在和秀美。在传统服饰中有着各式各样的元素，纹样图案在其中占有非常重要的地位，通过对这些纹样图案的分析与借鉴，可以获得很多现代服装设计的灵感。由此可见，自然中的一切事物都是没有意识的，是人们的观念赋予了它们意识，使其具有了象征意义。所以，纹样可以彰显祝福和喜庆的气氛也就不难理解了。

极具中国特色的吉祥图案可谓是“图必有意，意必吉祥”。提起传统的吉祥图案，那真是数不胜数。其中有托物寓意的，如松竹梅象征着清高正直，鸳鸯象征着夫妻恩爱，石植代表多子，松鹤代表长寿，牡丹象则象征着富贵荣华。也有的是因为谐音而成为图案题材的，如像瓶和“平安”，鹿和“禄”，荷花和“和”，金鱼和“金玉”，蝙蝠和“福”，鱼和“喜庆有余”等，还有几种方式联合起来的设计，如万字锦地上绣花舟就是锦上添花，万字、蝙蝠和寿字组合在一起就是“福寿万代”，万字和牡丹连起来则叫作“富贵万代”。“三羊开泰”代表“吉祥如意”；喜鹤与梅花象征“喜上眉梢”；莲花与鱼象征“年年有余”；牡丹与花瓶寓意“富贵平安”等。在古代，龙凤纹样通常是君王和权利的象征，而如今被广泛用于服装设计中，使其不再是权利的象征，而是象征着我们整个民族的精神与文化，这也是其发展和升华的体现。我们一定要对民族图案背后的文化内涵进行充分探索，弘扬我们的民间艺术，将优质的元素提取出来进行重组后应用于现代服装设计中。

传统的服饰纹样千汇万状，款式与样式非常丰富，这也体现了我们民族的人文精神以及对美好事物的向往。近几年掀起了复古风，使得很多服装设计师开始从传统服饰中寻找灵感，大量运用很多传统服装的元素。例如，在服装的一些小的部位会使用盘扣、门襟等中式传统服饰的元素，使其更具代表性，并能够让人很快地领略到其中的精髓。我们在现代服装设计中经常会见到团花设计、文秀设计等，这些设计的灵感都来源于我国的传统服饰。在图案设计上，经常会采用印花图案以及文绣花样，然后再与各种盘扣搭配在一起，色彩十分丰富。团花主要应用的位置是衣领、后背以及前襟，有着非常强烈的装饰性。文秀则主要用在衣服的袖口和领口，虽然文秀装饰非常小，但是却非常亮眼，会使服装更加素净且灵秀。此外，在大裙摆上会经常使用描绘的花样，这样会使服装更具中国韵味。在现代服装上，不管是裤子还是裙子，传统的图案纹样都是非常常见的。

例如，现代时尚的代表服装——牛仔装上就有大量印花图案的应用，既有装饰的作用，又可以表现设计者的设计元素及设计目的，让现代服装更趋完美。

中国传统服饰文化的精髓除了图案纹样还有传统的装饰，这些装饰有着独具一格的造型，我们可以将它们大范围地运用到现代服装设计中去，包括人物的、动物的、植物的，还有像一些图腾、符号、几何纹样等。在现代的服装设计中，恰当合理地使用配饰，会使服装的整体风格更为明确。明代的服装配饰可谓繁杂多样。主要是由翡翠、珍珠、珊瑚、玛瑙、金、银、玉器等组成。明清时期大量运用首饰以及服装饰品，由于配饰运用繁多，因此体现出明代服装的高贵华丽。从而也直接影响了现代服装的设计和穿着，配饰对服装风格及服装整体印象的体现较为重要。

几千年来，我国的传统文化一直追求的是安稳融洽、喜庆祥和。从传统服饰图案中不难看出这一点。我国传统的服饰图案都是比较大且完整的，以坚韧不拔、奋发向上的品质作为情感思路，并通过图案把我们民族的历史以及审美文化都体现得淋漓尽致。这种设计理念直到现在也一直在使用。

在目前的很多设计里，设计师都乐于通过使用传统的纹样来承载自己的希冀与理想，以寄托自己爱好吉祥如意的情感。除此之外，我们当然也可以在设计中加入一些时尚的元素对饰物的造型工艺进行简单调整，使其与现代的一些时尚元素更加和谐，然后将其运用到一些日常的服饰中，甚至是晚礼服中。

第三节　传统元素在服装设计中的应用意义

一、有助于弘扬中国传统文化

在现代服装设计中，我国传统元素有着非常重要的意义与影响力。由于现在社会发展的速度非常快，新媒体出现以后，又为人们增添了更多接触现代化元素的机会，目前一些新一代的设计师们对于我国传统文化了解的并不多，而且很难从现代化的生活环境里接受传统文化的熏陶，所以很多年轻的设计师往往会忽视我国的传统文化，而是只追求一些所谓的现代化的时尚元素。要知道，在创新发展的道路上没有意识到传统文化的重要性而忽视传统文化中的元素，势必会使服装设计的理念与内涵缺乏很多带有本国和本民族的特色文化。

因此，面对这样的问题，就需要我国设计师不断加强对传统文化的学习与掌握。只有真正懂得并学会，才能更好地对其进行运用，继而更好地继承和发扬我国的传统文化，在自己的设计中充分体现其文化精髓和民族性[①]。对于我国传统文化的学习，必须是从小就要去培养的，让人们从小就树立正确的人生观、价值观，加深其对于传统文化内涵的理解，因为只有理解它，才能去合理地运用它。例如，在人们的日常服饰中加入一些诸如京剧脸谱、中国结等的文化元素，这样人们就有了更多接触传统文化的机会，然后对其有一个大致的了解并产生一定的兴趣，从而进一步去深度了解和学习其中的内涵。

身为新一代的年轻人，不仅要成为我国传统文化的继承者，也要成为一个合格的发扬者，要努力将我国优秀的传统文化传播至世界各地，使越来越多的人了解并喜爱我们的传统文化。所以，我们就需要开设一些与我国传统文化相关的教育课程，为人们营造良好的与传统文化相关的氛围，使新一代有机会去系统地学习和了解我国的传统文化的内涵，与此同时，还要注重创新与发展，通过多种方式加强人们对传统文化的认识与了解。

二、提升设计师的文化和职业素养

设计师的素养还是非常关键的，设计师的整体素养对于以后传播设计理念、文化和自己以后的职业发展都有着一定的影响力。所以，培养设计师的专业水平是必不可少的一点。要知道，服装设计师是设计的直接参与方，设计理念的把握是由其去把握的，只有设计师自身水平够硬，才能通过服装这个载体更好地把文化的具体内容和理念传播出去，并将其展示在大众的面前。可见，提高一个设计师的文化素养以及职业素养是多么重要。

设计师在具体的设计过程中，对于服饰元素的应用不能只是简单地以书本上的内容为依据，也不能单纯地将元素进行拼拼凑凑，通过这样的运用方式只会使服饰看起来非常不协调，也无法很好地呈现出这些服饰元素的美感，更加难以将其很好地传播出去，甚至可能会使很多人对其产生反感的情绪。不管是我国的设计师还是外国的设计师，在进行服饰设计时，要想运用一些我国的传统服饰元素，首先就必须去切实地了

① 柳文艳．现代服装设计中传统元素设计的启示[J]．吉林工程技术师范学院学报，2008，24（5）：43-45.

解这些元素，设计师自身要具有一定的设计品位，要对浓厚的地域文化有一定的了解，对不同的文化内涵进行深度的研究，这样才能准确地把握设计理念，才能让人们感受到传统文化内在的强大力量。

每一位设计师在实际的设计过程中，势必会自然地将自己学到的、体悟到的传统文化融入自己的设计，这也是设计师们体现自己对服装文化发展的价值体现。传统元素的融合，会使更多的人了解我国的传统文化的内涵，真正走入每一位国人的心中，甚至是走向世界，让更多的外国人也爱上我们的传统文化。

随着时代的发展，服装设计领域的竞争也越来越激烈，有人尝试着将我国的传统服饰元素和现代化的一些元素结合在一起，使得很多设计师慢慢意识到我国传统元素的重要价值。对于一些国际化设计理念的学习，设计师要站在国际化的视角，将其与我国传统元素进行融合，这样才能更好地将我国传统文化传播出去，这也是身为一个中国设计师应该做的事，把传统元素融入现代设计，让越来越多的人了解我们的传统服饰，了解我们的文化，顺利地将我国的艺术作品推向更大的国际性的舞台。

三、造就创新意识和品牌意识

要知道，我国的传统服饰，在整个的服装领域里的地位也是非常高的。我国的传统工艺、技巧和理念都深受人们的喜爱与欢迎。这时，设计师们在对我国传统元素和现代设计融合的过程中，要深刻意识到创新和品牌打造的重要性。

对于服装设计来说，品牌的重要性是不可忽视的。能不能使自己的设计走向全世界，让更多的人知道，品牌的打造是非常重要的。就拿我国来说，我国的消费者对于品牌有着一定的重视度，因为服装的种类和造型是各式各样的，而且不管是在质量上还是在服装品位上，都分出了多种层次。因此，树立品牌对于自身的发展就起到了关键作用。要知道，树立品牌不只是起一个名字设计一个 logo 那么简单，更多的是要带有自身的设计理念，然后将这一理念传播出去。可以这样说，我国的传统服装品牌就代表了整个传统服饰。

把传统文化和现代化的设计进行融合是一种理念上的创新，只有始终带有这种意识与理念，才能设计出更多与现代人审美相符的作品。因此，作为一名设计师，必须要注重提高创新意识以及品牌意识。要想使我国的传统服饰走向世界，就必须打造出能代表我国服饰的优质品牌，不是单纯从表面改变，而是要将理念真正融合进去。品牌体现服装的精髓，如今我们在服装领域更加注重工艺和高质量，如果缺少了品牌，势必会对民族服饰的发展产生制约影响。

四、凝练独具“中国风格”的设计符号

生产和设计服饰是具有艺术性的，服饰也是一件艺术品。最早出现“中国风”的时候，很多国外的服装设计师们在了解我国传统服饰文化时，大多是抱着猎奇的思想，会根据流行时尚元素的需求，在自身品牌风格不变的前提下运用我国的传统元素，从而设计出符合当下流行趋势且与自身品牌风格相符的服装。

在我国，大多数的服装品牌都是带有中国风的，都是在符合我国传统文化的基础上创新和发展的。一般设计师在进行创作时会对那些传统元素符号进行深度挖掘。“中国红”也是中国风的一部分，应把这样的独具特色的色彩很好地运用起来，把它打造成符号品牌，这样一来，人们只要看到了这个颜色，就会知道这是中国服装品牌。中国传统文化和现代设计的结合，就是把传统元素运用到设计中去，二者在合理的融合之下达成和谐与统一。

如今，在现代设计中融合一些传统元素已成为潮流，然而对于这样的潮流，设计师们不能一味地追求运用而滥用，而是要切实理解其深层的含义，不管是文化内涵还是民族内涵，都要去深度挖掘，这样一来，才能真正设计出能够代表我们“中国风”的服装，才能给我们的设计不断增添新的理念，从而让更多的人记住并认可我们的服装和文化。

第四节　传统服饰工艺在当代服装设计中的传承

民族民间传统工艺是民族文化的重要组成部分，是持续延绵的文化基因，是历经时光洗礼而依然活着的文化传统。这种传统是一个民族一个区域内在精神观念、文化之脉的最鲜活、最生动的体现。在传统的延

绵中，彰显的是人对自然、对生命、对生活、对现实的生生不息的向往、关注、热爱与想象，流溢出人对自身价值实现的不懈追求和巨大热情。因为有这种不懈的追求与传承，历史有了温度，生活有了色彩，生命有了光泽。

一、传统刺绣工艺在服装设计中的传承

（一）刺绣在现代服装设计中的地位与作用

刺绣是中国传统民间艺术，在工艺美术史上占据重要地位。而刺绣则是广大民众自行创作的手工艺，通过刺绣艺术、内容、功能、技法等方面能够将广大民众日常生活、社会情感、传统习俗等真实展现出来。特别是在服饰领域，刺绣就更为重要了，不仅仅能体现出刺绣背后文化，与此同时还关乎刺绣技艺、色彩、人们生活等，把刺绣与现代服装设计的特点进行有效综合，可以彰显出各个时代的艺术与文化。

1. 刺绣在国内现代服装设计中的作用

在现代服装设计中，由于刺绣的融入，使得现代的服饰有了更为特别的韵味。可以说，刺绣已经成了现代服装设计里不可或缺的工艺，在现代服装设计中有着非常重要的地位。在设计过程中，我们除了要考虑服装的整体造型以及色彩搭配以外，还可以运用刺绣工艺进行合适的点缀，这样会给服饰锦上添花，使其更具个性化。

如今，很多人都非常热衷于追求时尚，于是，很多服装品牌便开始追求个性完美，不论是选择面料，还是在工艺加工上都力求完美。例如，牛仔裤在设计师们的努力创作下出现了多种款式，也会将刺绣点缀在裤腰、裤腿等位置，这样一来，传统的牛仔裤就会被增添上一种时尚感。在进行服装搭配时，还可以选用绣花鞋和裙子、裤子进行搭配，也会显得更加别具一格。

在现代的服装设计中使用刺绣元素，是发扬和传承我国优秀文化的关键方法。

图6-3　刺绣

我们在继承传统文化时，最应该重视的问题就是找寻最能代表我国传统文化、地域文化的符号。我国是一个多民族的国家，在经过了五千多年的发展以后，每一个民族都有了属于自己的文化，这些文化不仅非常丰富，还非常具有魅力。在现代设计中寻找最具传统文化代表性的符号，然后将其作为信息的媒介，对传统文化进行继承，也就是我们现在所说的通过设计语言对“符号”进行解释和重现。我国的传统文化是内涵和外在形式综合在一起的整体，有着非常顽强的生命力。就中国的传统文化来说，人们对于“形”是有着很高的重视度的，我们从历朝历代的物品、服装都可以明显看出这一点，虽然形式各不相同，而且用途也不一样，但是却会在很多方面来体现皇家的地位和身份，同时，民间刺绣也可以把吉祥如意的含义进行充分展现。批判地继承并不是说要将传统的文化和习俗都运用到刺绣设计当中，而是应该更加注重对文化内涵的呈现。因此，我们要明确哪些符号是和我国的传统文化相适应的。要想使刺绣和地域文化、传统文化进行很好的结合，必须首先对文化的内涵有一个准确的把握，通过现代化的语言对其加以设计。这样才能将其文化内涵通过符号传递出去，从而对我们民族的文化精髓与灵魂进行继承与发扬。

2. 刺绣在国外服装设计中的地位

刺绣的体系最早是在东方形成的，后来由于贸易发展，而到了西方世界。古埃及人认为，刺绣的一针一线都体现着人类的灵性，带有无尽的力量。到了西罗马帝国时期，刺绣工艺发展到了顶峰，直到后来在公元 5 世纪西罗马帝国没落，在伊斯兰教的影响下，使刺绣重新有了新的活力。后来，阿拉伯人开始用绣品对他们的靴子、帐篷等进行装饰，人们会用金线、银线去绣《圣经》，把刺绣当作非常神圣的艺术，在君王和后妃的衣服上进行刺绣则象征着非常高的尊严与权力。在《圣经》中，相貌非常美丽的女子在宫里时身着金线制作的衣服，而在出嫁的时候，则是穿着刺绣的锦袍。金线制成的衣服象征着荣耀，刺绣锦袍则代表着灵魂的重生，通过一针一线的刺绣工艺，把神的灵性绣进衣服中，从而成就新的自己。

与欧洲的刺绣工艺相比，东方刺绣更加善于运用精妙的针法将一些植物、动物或者风景呈现出来，刺绣的材料主要是丝线。而欧洲人更加注重对刺绣材料的研究，会大量使用贝壳、宝石、珍珠等物品，使用的线也不是只有丝线，还会使用毛线、棉线等。直到近代时期，由于水溶技术的诞生，又出现了镂空刺绣，这样的绣品更加华丽美观，由于水溶材料的更新，军服上的徽章也变得更为精致，轻薄的纱上面也出现了美丽的刺绣。

到了大工业时代，由于刺绣机器的发展，使得刺绣的质量与产量都得到了大幅度的提升，一台刺绣机器有 1000 根左右的绣针，只需要几个小时就能制成经久耐用的水溶刺绣，但是，机器刺绣是永远代替不了手工刺绣的。

2002 年，Lesage 刺绣坊是巴黎顶尖的刺绣坊，它从 1858 年开始，就与当时很多著名的设计师有过合作，2002 年，该刺绣坊加盟了香奈儿，虽然它自此属于香奈儿旗下，但是在时装界中，如果想要选择刺绣的供应商，首先想到的还是它。在几千年的工艺传承和文化积淀下，手工刺绣展现出了一种特有的魔力，并且还带有无穷无尽的创造性。人们对艺术创作、传统工艺的膜拜和细致且专注的研究，就是其价值的最好体现。正是因为人们的魅力信仰，才使得它经久不衰，而且还会在人们追求品质的信念的加持下，一直走向更加辉煌的未来。

着装心理也体现了对美的心理需求。人对美的需求是人类求美的心理活动的内在动力。当它一旦与对象的美的特质发生碰撞的时候，自然会产生出一种对美的形式的意志需求和表现欲。而刺绣这一元素在几千年的文化沉淀中，始终能保持着经久不衰的艺术魅力，说明它是人们普遍能接受与认同的艺术代表，如果设计师能把这种最能代表文化内涵的元素巧妙地应用到现代服装设计中，那将会把现代服装的设计推向更高的艺术巅峰，能让现代服装更具有文化深度。随着人们的文化素养的提高，对美的追求体现在了对精神美的追求上，所以只有选择最能代表民族文化的艺术元素，才能把民族文化的精髓体现在服装设计上，刺绣就是现代国内外服装设计师们最宠爱的设计元素。

（二）传统刺绣图案在现代服装设计中的应用

每一幅刺绣作品都蕴含着丰富的文化内涵，具有时代感和前瞻性，这是世世代代的人们通过不断努力创造而得来的，尤其是我国的传统图案，都是由世世代代的能工巧匠经过不断的打磨而提炼出来的。目前国际化的脚步越来越快，传统文化很难使现代化需求得到满足。于是，设计师们开始努力尝试把传统元素和现代化的元素进行结合，然后再体现在服饰上，如今我们看到的一些复古风的服饰就是这种结合的典型例子。因为古代服饰有着非常鲜明的时代特色，所以复古风格的衣服并没有直接去复制那些传统元素，而是在现代化形式的包装下，使服装不仅能体现古代服饰的特点，还具备一定的时尚感，从而能满足人们的审美需求，传统元素、现代工艺的结合使得刺绣工艺始终处于时代的前沿。

服装装饰为刺绣的发展提供了巨大动力，并且贯穿在我国的传统文化中，不管是上衣、帽子，还是鞋袜、手套，只要是人们日常穿戴的物品，都可以用刺绣去装饰，如今看来，在服饰领域里，刺绣已经取得了非常好的成绩。在长期的演变下，不管是在装饰的部位还是模式上都发生了巨大的改变，与此同时刺绣种类也从最初的单一模式逐渐向多元化方向发展，现今为止主要涉及京绣、苏绣、粤绣、蜀绣、湘绣、汉绣、顾绣等，除此之外还包含苗族、彝族、瑶族、黎族、白族、蒙古族等民族刺绣。

以山西沂州为例，传统民间刺绣工艺大多都用在人们的穿戴上，通过妇女、儿童等服饰得以充分体现。仅就妇女服饰来看，由于部位不同自然花纹也会不尽相同，“腕袖”意味着平安、吉祥、如意等，通常设置为二方连续图案；“领口”则意味着如意，通常用花卉图案进行装饰；不管是古代还是现代，“裙子”是妇女日常衣物中必不可少的服饰，通常会在服饰前后镶边绣花，且大多数服饰都以黑、蓝、红色为主；至于“上衣”则主要在胸口位置绣花，一般使用鱼戏莲、牡丹花等图案。

就拿民间刺绣来说，只通过刺绣工艺就可以把图案背后的精神内涵呈现出来。各种象征着吉祥如意的图案都是在为了满足人们驱邪辟邪、祈福的思想下形成的。苗族的服饰图案又是对长江、黄河、洞庭湖等真实景色的反映，对苗族人民的历代生活进行了非常详细地描绘。

在服装的一些精美部位使用了蜡染、刺绣，同时还会在领口、腰佩处、襟绣上很多象征着吉祥的花纹图案，如仙鹤、牡丹、龙凤等，刺绣技艺也有很多种，如堆绣、给绣、镂空、点珠等，以充分体现现代的形式美。我们不难发现，在绣制服装上的图案之前，总是会通过剪纸的方法将花样剪出来，而且这些花样大多是由剪纸艺人负责的，仅有一小部分会根据个人的一些意见去制作。由于刺绣工艺在很多方面都存在不一样的地方，制作出来的刺绣服饰当然也是各具特色的，如果我们选用多种颜色的散丝去绣制图案，就可以保证图案的光泽感；如果我们把丝线集聚在一起，凝结成一些不规律的小颗粒，然后再绣到底布上，就可以充分展现出绣品的大体形象；如果我们把丝线编成小辫子后再去绣制，就会给人清新、朴素的感觉。外观靓丽的刺绣不但可以满足人们的审美需求，还会通过对事物形态美的展示，使服装更具艺术意境和气韵，可称得上是技艺、艺术二者兼备的佳品。

在现代的服饰设计中，通常对于民族服饰都是设计成斜襟或者大襟的长袍，给人一种厚实和宽松感，选择的材料多为锦缎、毛皮等，有些还会选用银饰、珠玉等装饰物，使广大民众被其独特的魅力深深吸引。欧美国家的刺绣考虑更多的是如何呈现出浪漫的氛围，图形非常繁杂，即便是每一个民族的服饰都带有独特的韵味，但从整体上讲大多给人非常沉稳的感觉。

随着时代的发展，国民经济和文化都在不断提升，特别是一些沿海地区，在服饰领域方面的发展更是达到了惊人的速度，在很多品牌的服饰中，除了传统元素之外，还融入了很多现代化的时尚元素，杭州图案给人一种大气、质朴的感觉，大大增添了现代服饰的魅力。例如，杭派服饰熏香、巧帛等，这些品牌服饰的刺绣不管是技术还是工艺都是非常领先的，每一种刺绣都带有不一样的韵味，可以充分地将江南女子的美展现出来。

1. 传统图案与现代刺绣工艺手法的结合

传统刺绣通常都是手工制作而成的，我们一般会在人们日常所穿戴衣物中见到，随着科学技术的进步，在刺绣方面也出现了很多现代化的设备与工艺，极大地满足了人们日益丰富的需求，使得制作出来的服装可以更好地达到人们的审美标准。我们所熟悉的龙凤图案在古代是皇家专属的，在服装上大多以刺绣的形式出现，但是发展到了现代，刺绣手法发生了很多改变，将珠绣、刺绣进行了很好地结合，使其不仅可以被印染，还可以制成雕花镂空。

我国古代的很多图案都有着非常重要的寓意，而到了现代服饰设计中，则发生了很多变化，出现了只注重外表的华丽而忽视其寓意的情况。我们不会把龙凤这样的图案当成是权力的象征，而是将这些图案绣在现代服饰中，以展现我们的民族精神。

2. 传统图案与现代材料的结合

把传统意义上的图案和现代时尚元素相结合才能够充分展现出纹样的独特性，增添服饰魅力使之达到艺术的最高境界。传统纹样应用广泛，例如编缎、棉麻、皮革以及诸多新型材料等。

图 6-4　刺绣

3. 传统图案与现代服装款式结合

传统图案可以说是我国服饰文化中的亮点，因为存在独创性，致使很多传统元素被应用到了现代的服饰设计当中，不过，在具体的应用中，我们必须对于传统元素对现代风格的渗透进行谨慎的思考，一定要在现代审美观的基础上将二者合理地综合在一起，然后将传统元素的内涵和现代审美意识充分展现出来。

4. 古今结合、中西合璧

因为现代人的生活节奏非常快，传统纹样便显得有些复杂，从而很难和现代化的社会发展相适应。所以在应用过程中，设计师们更加注重对于纹样细节的简化，在保留其寓意的前提下，使其达到“宜男百草，吉庆馨有余鱼”的意境中。通过设计师们多年的提炼，古代的传统纹样不仅有着深度的内涵，而且还在此基础上添加了典雅的风格，如果我们可以把图案的精神与内涵通过别的形式进行传承，势必会创造出更多新颖的元素。此外，传统图案和国外一些装饰方式的结合，可以创造出令人耳目一新的独特风格。

二、传统钩编工艺在服装设计中的传承

（一）设计题材的选择

1. 灵感来源

灵感是从丰富的自然色彩中而来的，大到山川河流，小到一朵美丽的花、一只漂亮的蝴蝶，都具有非常和谐且神秘的色彩搭配，就像是被神仙搭配好的一样多姿多彩。我们不管是在工作还是在生活中，都会使用色彩的搭配来装扮自我，这也体现了色彩的独特魅力，正是因为有了各种色彩的搭配，才使得我们的世界变得更加美丽，色彩的丰富会使人们在视觉上受到感染。在这个花花世界中，人们可以通过感官获得多种信息，这同样是我们感受美的一种途径。在服装设计中，通过协调色、对比色等的多种搭配方式创造出美的享受，给人一种视觉上的冲击，通过服装去感染人的内心，带给人幸福感。

2. 设计手法

该系列的工艺手法主要是手工编结，通过它的独特风格和不同颜色、线材的编织工艺来设计服装，这样的设计手法主要是服装的款式以及图案、色块的对比和变换，通过流行元素、民间元素的结合，在图案、色

块的对比、拼接下做出视觉冲击的效果，使人体、服装、色彩充分融合在一起，从而产生不一样的美，使女性对于色彩的欲望得到满足，并展现出穿衣人的独特品位和魅力，使其身心愉悦并展现出自信的光芒。

在现代服装设计中，可以将传统民间元素如流苏与当前的流行趋势结合在一起，通过不同颜色的线的缠绕给人一种独特的视觉美感，也能充分体现出传统工艺的色彩和现代文化结合的美。

设计师们利用优雅简单的廓型、对称与不对称的穿插设计，通过不同粗细、类型、颜色的线材，运用丰富的传统手工钩编手法编出各种花型及图案，结合部分机织辅助，采用拼接与整面设计形成独特的视错觉，展现了“线”与色彩合奏的完美乐章。

（二）钩编工艺的运用

这个系列的灵感来自七色花，七色花来源于动画片《花仙子》，它是片中最漂亮的花，通过魔法可以变出很多漂亮的衣服，如果女孩穿上了这些衣服，就可以帮助人们摆脱苦难，然后收获幸福，这是能够带来快乐和幸福的花。在这个系列中，采用的都是手工钩编工艺，通过环绕式的针法起针，利用短针、长针、锁针等多种针法钩编立体的花形，根据制作的需求，在材料上选择的是奶牛棉和长绒棉纱，用这两种线钩编的成品在质感上有着非常明显的差异，强烈的对比性能够呈现出想要的视觉效果。钩编手法主要分为三种，一是一片成形，二是小片拼接，三是镂空钩花。整个盖在服装上，会呈现出一种肌理的质感，同时还在细节上添加了流苏，使整个系列变得更加有质感和趣味性，充分展现了钩编服装的个性化特点。

图 6-5　钩编工艺

在运用图案的时候，通常会采用二方与四方连续的排列方式，把条文和块状的图案进行有序排列；通过镂空钩花的手法制成镂空的图案，经过拼接，把立体钩花组合成块面，将其和平面的条纹进行结合，从而变成肌理图案。根据图案的变形运用不同的色彩进行钩编，以玫红色系和蓝色系的对比色为主要色调。运用对比色、调和色来进行搭配，颜色明快，色彩艳丽，带有民族特色，在设计中并没有运用过多鲜艳的颜色，在保留原有的色彩同时，也加入了降低纯度和明度的色彩，产生了很强烈的视觉效果，迎合了现代的流行风格，使整个系列在具有民族特色的同时又具有独特的风格与浪漫的个性。通过传统手工编结工艺，结合钩编服装特点和不同颜色的线材编织设计服装。整个系列的设计整体造型以A型、H型、S型为主，突出服装色彩和图案的变化对比。合身的钩编服装可展现优美的人体曲线；立体造型是以同种形态、不同色彩的线材钩织一些以立体纹理为主的设计，在服装的视觉上形成了一定的张力。

三、传统拼布工艺在服装设计中的传承

（一）现代服装设计中的拼布艺术

拼布是传统的装饰手法，它在我国的传统服饰中应用非常广泛。随着民俗的发展以及宗教的影响，拼布手法展现出了工艺精湛、色彩丰富、风格多样的特点。如今，我们在很多的时尚舞台上也总是能看到拼布服装。拼布的构成形式是多样化的，在现代的服装设计中，也经常被使用。时装发布会上，总是会出现拼布服装，它以其独特的风采吸引着大众的眼球。不管是几何图形整体的拼接，还是图案的局部拼接，都是设计师们对层次感与服装风格进行塑造的重要手法。

图 6-6　钩针

（二）传统拼布在现代服装设计中的形式

在当今欧美拼布艺术发展迅猛之时，金媛善女士以其巧夺天工的作品，让世人感受到中国传统文化独特的魅力和沉静典雅的古典韵味。金媛善女士被誉为“目前唯一能代表中国手工拼布艺术水平的艺术家”，在传统朝鲜家族成长的金媛善女士自幼受祖母和母亲的熏陶，擅长女红，曾多次参加日本、韩国和美国的拼布艺术展，并获得国际拼布二等奖。

在现代服装设计领域，传统拼布艺术与现代生活需求结合后进行解构、重组创造了新的时尚，为消费者带来了全新的时装体验。传统拼布工艺并非我国所特有的，在日本也有相似的工艺，称为“BORO”意思就是“破烂的布”或者“褴褛”。BORO 织物最初由节俭的渔民和农民所穿着，因当时由棉花织成柔软舒适的棉布是非常珍贵的材料，许多乡下山村仍只能穿着层层粗硬的麻布御寒，但是麻布的舒适性不及棉布，于是人们只能非常节省地购置小幅棉布仔细地缝在衣服的衬里或是用来修补衣服破损处。日本设计师津吉学（Gaku Tsuyoshi）在保持传统的“破坏”中加入了大量的时尚元素，设计出了系列丹宁服饰品。

（三）拼布艺术在现代服装设计中的应用形式

随着现代拼布艺术的发展，拼布艺术被愈来愈多地运用到现代服装设计当中，不仅丰富了服装设计元素和形式，同时也丰富了人们的审美情趣。下面将从应用面积、材质运用和呈现的造型三个方面探讨拼布艺术在现代服装设计中的应用形式。

1. 应用面积

从拼布艺术在现代服装设计中的应用面积来看，可分为整体拼布和小面积装饰。在现代服装设计中整体拼布时，服装整体的风格特征会更加明显。

2. 材质运用

从拼布艺术在现代服装设计中材质的运用来看，其面料的选择更加多样化。在拼布的面料中除了梭织面料之外，也会运用一些皮革或是非纺织面料，使拼布服装呈现出不同的肌理美。

Sacai 品牌的创始人阿部千登势（Chitose Abe），她善于服装面料之间的混搭和层叠，让人看到服装设计中的搭配的无限可能性。拼布使不同面料之间产生强烈的对比、质感之间的交融，使 Sacai 服装有种抽象画般的艺术感。本季系列成衣运用梭织、毛呢、皮革等不同面料进行拼接，重构创造出新的服装造型，呈现出一种不同肌理的视觉美。

3. 呈现的造型

从拼布艺术在现代服装设计中呈现的造型来看，可分为平面形式和立体形式两类。

在现代的拼布服装中我们可以看出，拼布艺术不只会以平面的形式呈现，还会把拼布艺术和现代的裁剪技术、设计方法结合起来，从而使制作出来的拼布服装更具立体感。

上面我们所说的这三种应用方法虽然存在形式上的区别，但是却同样被人们所喜爱，其原因具体体现在三个方面。首先，拼布服装带有民族风情，除了可以满足人们对传统的、民族的追忆情结以外，还能满足现代人追求个性化服装的心理。其次，拼布设计的面料是多种多样的，而且在组合形式上也非常灵活，这就为服装造型和肌理的美感有了更多的可能性。最后，拼布面料和形式上的多样化，使消费者的视觉感受变得更加丰富。

我国的拼布工艺是一种非常古老的装饰手法，在我国的传统服装设计中应用得非常广泛。它蕴含着丰富的文化内涵，而且也非常具有实用性，因此慢慢成了人们身边十分常见且不可缺少的艺术。在现代人的生活中，这样的艺术非常常见，甚至在时尚圈内，我们仍然能时常见到拼布服装。传统的拼布在面料搭配、构成与应用形式上都是多样化的，因此，很多设计师会将其当成塑造层次感和服装风格的手段而应用在自己的设计中，从而被更多的人认可和喜爱。

四、传统扎染与蜡染工艺在服装设计中的传承

（一）扎染在服装设计中的应用

我国有着五千年灿烂的历史与文化，我们的先辈们用勤劳的智慧和双手创造出了很多民族文化。其中，扎染技术就是我国民间很有特色的传统工艺。

衣、食、住、行是最贴近人们生活的行为活动，其中“衣”放在最前面，可见人们对于服饰装扮的重视程度，在服装设计中，可以通过扎染一类的设计元素使服装更具时尚感，从而展现出不一样的艺术风格。

如今科学技术在不断进步，人们的生活水平也跟着提高了一大截，在满足了物质需求的前提下，人们便将自己的关注点放在了精神追求上，在审美上有了一定的提升，由于外界诸多因素的影响，扎染一类的传统服装装饰技术慢慢失去了以往的辉煌，没有得到很好是发展。扎染技术衰落与宋朝时期后来的元代统治者对于中原的很多文化都持有的歧视态度有关，对其进行了一定的限制，直到明清两代，由于资本主义的萌芽，一些规模化的机械印花作坊慢慢出现，由于传统的扎染工艺是手工工艺，所以制作起来非常耗时耗力，而且呈现出来的图案也没有机械印花那么精美细致，而且用天然的草木染的颜色单一且不牢固，因此，扎染工艺受到了比较严重的制约，没有发展起来。在中原和沿海地区，制造业非常发达，因此使用传统的手工印染技术的人更是少之又少。仅仅是在一些偏远地区，因为交通不便，而且信息闭塞，才使得扎染艺术得以传承下来。

近些年来，由于国家大力倡导自然环保，人们也慢慢开始乐于追求

质朴、自然之美。扎染手工艺才又回到了人们的视线中，人们重新注意到了环保、健康的扎染服装，沉醉于它独特的艺术风格当中。

图 6-7　扎染

1. 扎染在少数民族地区的应用

古往今来，扎染技法主要是在云南、四川、新疆等地的一些少数民族地区流传并沿用至今。特别是在四川，那里有一种非常有名的自贡扎染，从唐宋时期开始，就深得人们的喜爱，其多是作为贡品被皇室使用。目前，自贡扎染荣获了很多奖项，它是我国高水准传统技艺的杰出代表。

云南省有两个很有名的扎染之乡，那就是周城和喜洲，特别是白族人的扎染，他们在传统的工艺上进行了突破，创作非常新颖，极具现代艺术特征。白族的扎染基本上都是花型和几何纹样组合而成的，不但在布局上非常饱满，而且形象也很生动。那里的人民都会扎染手艺，而且对其非常珍视。

喜洲地区的白族女性敢于突破和创新，她们把古代的扎缝技法和现代印染技术进行了有效结合，使扎染的颜色更加丰富，形成了彩色的扎染艺术。这样的技法改变了以往的单一色调，注重多种颜色搭配在一起的和谐性与统一性，通过扎缝的紧和松对染色的深浅进行了控制，从而呈现出肌理纹样。彩色扎染使传统工艺更具魅力，不但呈现出了回归自然的质朴的美，还带有现代艺术的特色。

2. 扎染技法在现代纺织工业的应用

（1）扎染服装图案趋势。在现代的服装设计中使用扎染技术，强调以人为本的理念，此外，也会对服装的个性化研究起到一定的促进作用。通过对扎染图案趋势的分析发现，由于扎染工艺的影响，服装设计在色彩、形态等方面都发生了一定的改变。

扎染工艺与扎染图案的产生和发展有着非常紧密的联系。通常来说，扎染所呈现出来的效果都带有一种朦胧和梦幻的特点，表现在服装上时，会使服装带有一种水墨画和抽象画的美。另外，扎染工艺也能呈现出一种粗犷的风格，带有一定的随意感和抽象感。不过，通过扎染工艺而呈现出的效果也具有满足大众审美的美感，几何纹理就是最好的例子。

在全球的各个秀场中经常会看到带有扎染工艺的服装，这些服装所带有的图案大多是一些抽象的图案，从这些图案中我们可以明显看出扎染自由随性的特点。在图案设计中还可以看出，现在的大部分抽象图案都是不规则的图案，这样抽象的美感恰恰可以满足现代人的审美需求，也符合如今服装行业的发展趋势与潮流。在现代化的发展中，扎染工艺的发展主要是通过与其他工艺结合发展的方式呈现出最终的别出新意的效果。

（2）色彩趋势。传统扎染工艺以单色扎染为主，而且在实际的扎染过程中，选用的颜色基本上都是以白色和蓝色为主，从而呈现出一种素雅之美。随着社会发展脚步的不断加快，扎染技术在选择颜色时也变得不再单一，慢慢朝着多元化方向发展，色彩的多样化成了主要发展趋势。多样化色彩主要指的是色相、透明度以及纯度不同的色彩，在这样的综合的色彩扎染中，会展现出多姿多彩、变幻无穷的视觉效果，这样的视觉效果具有一定的独特性，其他的工艺很难做到这一点。现代化的扎染技术正在随着时代的变化而不断丰富，如今已从以往的染料单一发展到了现在的多样化选择，而且从这一变化中也可以明显看出如今的流行变化趋势。

（3）面料趋势。扎染技术的进步也从一定程度上推动了该工艺在面料选择上的发展，如今科学技术在不断进步，因此出现了很多新型的扎染技术。从该工艺使用的面料可以看出，除了以前经常使用的丝、棉、麻等面料以外，还出现了合成纤维等一些现代化的面料。对皮革、锦纶等扎染的工艺也越来越精进，使扎染技术在使用范围上得到了很大的扩展，面料不同，呈现出来的扎染效果也不一样，从我国专家刘健健的研究中就能很明显地看出这一点。其在著作中指出："如果要利用扎染工艺在捆、绑等工艺中容易形成褶皱的原理与高温高压定型的原理的话，那么就可以在理论上创造出一种独特的三维肌理面料，这种面料的产生，能够在一定程度上让面料从二维往三维的方式进行转变，从而能够营造出于品牌三宅一生同样的效果。”在当前的发展过程中，传统扎染技术和转移印花技术、数码印花技术等其他服装工艺合理地结合在了一起，这样的结合使扎染效果得到了很大的提升。

现代的纺织工业主要是依靠机械进行生产的，如印花的服装面料就是用机器制作完成的，这样的机器制作不仅成本比较低、产量高，而且质量也很好，印出来的图案非常精致，很少出现差错。近些年来，人们在审美上有了一定的改变，更加看重健康、自由以及环保，此外，还要突出个人特色，于是，传统的扎染服装以其独特的艺术气息引起了人们的广泛关注，而从被大量使用，在大街小巷里我们不难发现这样的扎染服饰，特别是丝巾、背包、裙子等物品上会经常出现，这些物品通过扎染工艺变得更加自然时尚且大方。慢慢地，印染厂商也都注意到了这一点，便开始大量投入到生产当中，在江浙等一些沿海地区还出现了日资的扎染企业，主要生产的就是扎染的日本传统服饰，然后再销往日本。由此可见，扎染服装已经向工业化、规模化的方向发展了。

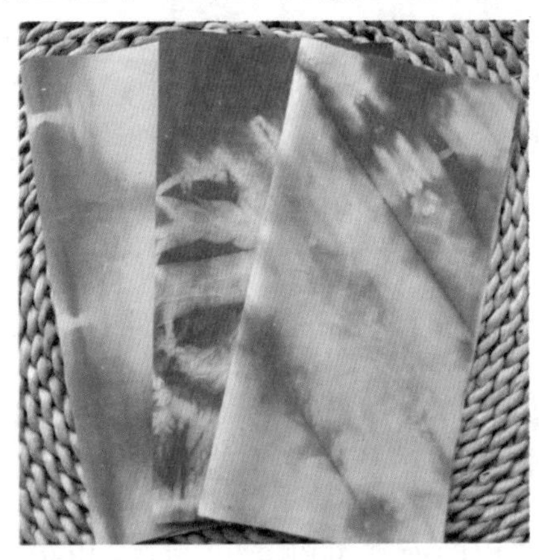

图6-8　扎染

3. 扎染在现代生活中的作用

在现代生活中，扎染的魅力越来被凸显。扎染工艺属于我国的非物质文化遗产，至今已经有 2000 多年的历史了。身为我国的国宝级文化，我们不仅要将这项工艺传承下去，还要在此基础上将其发扬光大。笔者认为，扎染工艺之所以能流传 2000 多年之久，并不是由人们的喜爱度决定的，而是在于它不仅仅是一项服装领域的工艺，它就像一门艺术一样有着很大的艺术感染力和生命力，它值得我们不断研究和探索，去打破它的局限性，对其进行深度的挖掘与创新，使其更具活力。扎染虽然是我国的传统艺术，但是在国际上也有着一定的知名度，深受外国友人的喜爱，很多其他国家的人因为扎染踏上了中国的土地，走上了探索扎染的道路。可以说，扎染在一定程度上是我国与世界各国交好的文化桥梁，这一传统工艺以我国民族文化的身份传播至海外，赢得了很多赞美与掌声。

通过机器生产、化学染织等现代化的手段制作出来的服饰让人们逐渐审美疲劳，这时，扎染服饰以其独特的素雅自然之风深深吸引了人们的眼球，深受人们的青睐。近些年来，扎染一直活跃在时尚的舞台中。特别是在夏天，各种扎染服饰更是层出不穷，争奇斗艳，人们从扎染中深深感受到了民间工艺独特的自然、纯粹之美。如今，扎染服饰也在不断推陈出新，通过一次又一次的创新变得更加精致和美观，从而越来越符合现代人的审美需求。笔者相信，在一代代能人巧匠的不断努力下，这项工艺一定会在保留了传统文化精髓的基础上，得到更好的发展，这样，扎染工艺才能够始终流传下去，为一代又一代的人们提供更多、更好的服饰。

（二）蜡染在服装设计中的应用

我国现代化的发展也促进了染色技术的进步。尤其是其中的蜡染工艺，在目前的服饰设计中，蜡染工艺也得到了比较广泛的应用。我国现代化的染色技术与蜡染工艺进行了合理的结合，并在此基础上得到了一定的发展与应用。我们经常可以在背包、帽子、短袖、礼服等服饰中见到蜡染工艺，尤其是在一些旅游地区，会经常看到售卖蜡染饰品的摊位。随着现代化的发展，蜡染工艺也慢慢呈现出其个性化的发展特征。

图6-9　蜡染

1. 蜡染与T恤的结合

首先是蜡染工艺与短袖的结合发展，蜡染工艺与短袖的结合是目前蜡染工艺在现代化服装中结合的较为完美的一项。特别是短袖特有的面料以及平面结构为蜡染效果的有效呈现提供了良好的发展基础。在短袖所具有的比较大的平面结构中，能够让蜡染工艺的蜡染效果显得更加立体化，从而能够促进短袖本身艺术美感的不断增加。蜡染工艺应用到短袖中，主要是为了体现不同地域中的民俗文化风情，在短袖的蜡染效果呈现中，蜡染的图案主要是在前心后背上，在短袖的其他地方进行了冰纹的处理，也能够让整个短袖看起来更加具有现代化的时尚感。

2. 蜡染工艺在现代化配饰的应用

蜡染工艺在背包制作中被大量应用，而且在不断的发展中已经被慢慢应用到了其他种类的包中。蜡染工艺也会被应用到帽子中，但是用于帽子上时，其主要采用的是冰纹的形式，这为帽子的造型添加了很多新元素，使帽子更具时尚感和现代感。

3. 蜡染工艺在成衣中的应用

在目前蜡染工艺的发展中，蜡染工艺不仅运用到了一些配饰之中，而且与成衣进行了相应的结合与发展。在其目前的发展中，主要是针对成衣增加了一些蜡染工艺的元素，同时能够让蜡染工艺在成衣中能够更加体现出一种民族风格。目前蜡染工艺与成衣的结合应用中，在女装的应用比较多。

总体来说，民族艺术在发展的过程中有着不同的艺术风格的体现，通过民族艺术的不断发展，也能够促进民族艺术作品的更新和发展，在更新和发展的过程中所产生的各种新的元素，被应用于现代化的服装设计中，这也是现代化服装设计的主要特点所在。目前在布依族的蜡染工艺中，其与现代化服装设计进行了相应的结合，能够说明蜡染工艺能够创造出具有一定的独特性的与众不同的视觉效果。

从现代时尚的角度来讲，现代服装和蜡染能够结合在一起，不只是一种创新，也是把传统风格和现代技术以一种结合的形式进行的传承。如今，人们的生活方式在不断改变，蜡染工艺也不像是以前那样进行作坊式的小规模染织了，而是在大批量的生产下给予了蜡染工艺更宽广的发展平台。在现代服饰中应用蜡染工艺，从某种角度上讲也是对我国传统文化的弘扬。

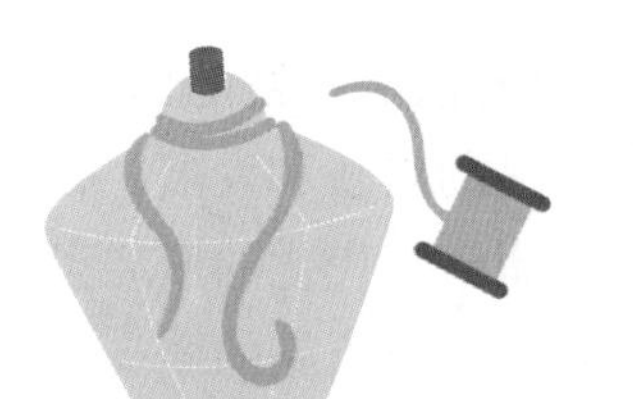

第七章　当代服装设计理念分析及创新应用

第一节　当代服装设计理念分析

早期，人类为了抵御寒冷、遮蔽和保护身体，到处搜罗材料制作覆盖身体的服装。古罗马时期，罗马人制定的法律明确规定各个阶级所能穿着的服装类型，用外在的服装来区分不同阶级。从古至今，人类最基本的生活需求概括起来只有四个字——衣、食、住、行，但随着时光飞逝、历史变迁，如今的衣着已经不仅仅是人类在早期为抵御严寒而制作的事物，它已经成为人类彰显自身外在气质、修养品行以及身份地位的道具。显然，原本只是满足人类基本生活需求的服装已经被人们赋予了更高层次的文化内涵。现代人购买服装，并不是为了满足自己的穿着需求，而是自己生活在这个社会当中最基础的外在“道具”。它代表了自己在进行社交礼仪时的外在形象，彰显了自己的身份地位，更暗暗显露出自己的性格内在、情感喜好以及生活情趣。服饰文化已经成为不同年龄、不同身份、不同阶层群体的外在特性，还是人类张扬个性、敢于创新、阐释美以及表达美的关键路径，透过服装我们可以发现人类一直在不懈地、发自内心地追求各类美好事物，各式各样的服装凸显了人类对美好事物的向往与渴求，也展露出不同时代中人们的精神诉求和文化特征。

服饰文化已有两千多年的历史，它经历了多个时代，每个时代的人们都会创造出具有特殊时代意义的服装，不仅造型奢华，还拥有独属于本时代的特征。现在，社会物质文明和精神文明获得迅猛发展，服装作为时代特征的表现者自然也发生了巨大变化，如今的人们不但着装水平发生了变化，着装观念也有了明显改变，最明显的一点就是人们更趋向于从衣着服饰上看到自成一格的文化韵味。

显然，现代人的着装观念已经发生了明显转变，原本人们非常重视服饰的外在表象，认为服饰必须紧跟时代的流行方向，但现在的人们更重视服饰蕴含的文化内在。因此，如今服装设计的关注点逐渐向传统的、民族的元素转变，不断考虑能否将这些元素融入服装的色彩、面料、款式以及性能。如今，市面上出现了一大批的新型面料，性能也有了明显增强，设计师在设计时十分重视参考和运用传统服装元素，这种种凸显出当代人不仅对现代服饰有了更高的要求，还更加重视和喜爱传统元素。我们也能从许多现代服装设计当中察觉到传统元素，如各类复古服装，这些服装设计对传统元素有的是直接引用，有的是化用，还有一部分是借鉴和参考。由此可知，现代人虽然仍然要求服装要符合时尚潮流，但同样也真正喜欢各类民族、传统服饰。

对于普通民众来讲，他们对服装的根本要求是舒适、健康、实用、方便，只要满足这些条件就能满足自己的生理和心理需求，这些原则也是如今各种品牌设计服装的根本原则。显然，现代人并不只看重服饰的外在观赏性，对服装的内在功能性同样十分重视。在面对某些特定环境或情况时，服装的观赏性和功能性还要综合考虑当地的地方特色以及个人的特殊喜好。由此可知，在现代服装设计当中理性因素的重要地位不可动摇，它是整个设计的核心。

另外，我们需要考虑的一点是民族传统服饰在如今的社会是否能够、是否有必要进行批量化生产，还是仅仅通过模仿其制式外形达成当时区分社会阶级的根本目标，如果从服饰个体的角度来欣赏，这件传统服饰一定是惊世绝伦的佳品，但它此时更像是一件充满文化内涵和艺术美感的手工艺品，虽然造型复杂、风格奇异，具有极强的装饰效果，但是它永远是一件没有内在功效而只有外在形式的工艺品。因此，如果人们过于重视用现代技术模仿传统服饰的外在形式，忽视服饰的传统性，自然与现代服装设计的核心观念相违背。现代服装设计的核心观念是实现现代性和传统性、风格化和多元化、环保和科技、功能性和观赏性的融合。现代服装设计的创新理念主要表现在下列几方面。

一、以人为本的设计理念

所谓以人为本其实就是将人作为开展所有工作、实现长远发展的出发点和落脚点。此观念最早出现在春秋时期，由当时的齐国国相管仲提出，后孔子提出“仁者爱人”，孟子提出“民为贵”，老子提出“以百姓心为心”，从内容上看，这些观点和以人为本理念是相通的。以人为本是指导我国经济社会全面发展的科学发展观的核心思想，管理者、经营者应该秉持以人为本的根本观念管理经济市场以及所有员工。人是社会的重要组成，是社会发展的根本，坚持以人为本，才能使社会实现科学、和谐、公正的发展。生产者同样要坚持以人为本，生产出符合消费者物质需求或精神需求的产品。同理，现代服装设计同样要坚持以人为本，因为设计出的服装是供人民穿着使用的，必须根据人的生理和心理的实际需求来完成设计。最初，这一设计理念只是设计师在设计时遵循的一个标准，后获得了设计界的广泛认可，逐渐成为人们的共同追求。目前，现代服装设计界中只要是和“以人为本”有关的话题必是热点话题。

实际上，设计领域很早就已经出现了以人为本的设计观念。我国传统文化博大精深，其中，服饰文化的发展同样历经千年，古时人们为了展现秀美身姿、婀娜体态、优雅气质，彰显身份地位，出现了许多紧实、严密的服饰，尤其是绣花鞋，虽然小巧秀丽但要求女子自幼缠足，不仅损害其身体健康，还会使其心理和精神产生严重创伤。外国同样存在撑箍裙、紧身胸衣、小脚尖头鞋等为了彰显地位和美感而不顾身体健康的服装。但是，时代在发展，社会在进步，人们的思想会觉醒，从一步步挣脱束缚到最后完全抛弃这种罔顾健康的设计理念，体现了以人为本的思想。另外，我国历来喜爱使用平面裁剪，但在服饰腰部和袖口处的微妙变动同样凸显出以人为本的思想，哪怕这些表现并不明显、直接。

工业化时代是人类飞速发展的时代，服装在这一时代逐步实现了批量化生产，而且此时服装设计的核心是功能，服装的形式和风格等都要以功能为先决条件，正是“功能大于形式，形式追随功能”。另外，服装实现批量化生产，意味着服装价格更加低廉，服装外观差异不大，自然不会有明显的阶级区别，展现了设计的人本理念。但是，服装批量化生产意味着设计更注重功能性，自然不会讲究个性和人性，成为满足人类基本需求的道具，无法发挥展现个人情感需求的作用。批量化生产的服装外形单一、规格固定，将原本五花八门的服饰文化变成一种固定的规范，很容易导致时尚潮流也变规范，那样的话，人们会在时尚的洪流中无所适从，无法自由选择，甚至迷失自我。在这种情况下，服装设计师们不得不从以人为本的设计理念重新出发，寻求新的设计方式，在详细了解现代人对于服饰的实际需求后，知晓服饰文化应具备多样化、个性化特性，而且优秀的服装设计并不是为了设计出充当商品的服装，而是为了设计出表现人个体存在的服装。

优秀的服装设计理念必须同时具备功能性和美观性，具备物质功能和精神功能。

因此，如今的服装市场充满着各种设计风格的服装，有前卫的、传统的、奢华的、简约的、现代的、古典的、中性的、休闲的等，满足了消费者的所有需求，甚至出现了一种“混搭”的风格，即外短内长、外长内短、长短不一，也曾风靡一时。所谓的“混搭风”其实就是人们根据自己的需求和喜好将不同价位、不同材质、不同风格的服饰混乱堆叠形成的风格。其中韩式混搭最为出名，这是一种近些年在韩国接头兴起并广为流传的混搭风，它的根本原则就是要展现服饰的层次感，先设定一条主线，应用合理的叠穿方式，搭配其他风格，形成主次分明、富含节奏感的风格。这种混搭风意味着所有的服饰都以主线为中心，不管是衣服、配饰，还是挎包、鞋子都不能脱离主线而单独存在。另外，这种混搭风尽量不要使用太多颜色，以三种或四种最佳，而且，各种颜色之间要存在明显的呼应和过渡，便于在不经意的变化中透露出异样的细腻感和景致美。“混搭风”的服装不但符合人们的审美，尤其是年轻一代的审美，还具有较强的实用性能，现代人只需将几件稀松平常的衣服进行适当变换，就能展现出自己的个性，跟上时代的潮流。

人人都希望自己的服装具有独特的风格，使服装风格多元化，这其实就是人性思想和精神内涵的外在表现，基于此，服装设计理念开始推行“以人为本”。“以人为本”的核心内容就是重视人作为单独个体的人性，要关心人、尊重人，推动人实现多元化发展，同时结合各个群体独特的思想特性和精神内涵，用设计的服装来凸显人的个人因素、审美因素、心理因素、社会因素等。当设计师坚持以人为本的设计理念，设计出的服装一定是清新脱俗、简洁大方的，不仅富含亲和力还富含别样的情趣和美感。只要服装设计遵循这一设计理念，设计出的服装不但能满足人类最基本的着装需求，还能不断提升其生活质量和审美感受，最大化地实现其自我价值，这样才算满足现代服装设计的终极目标。时代在变化，人们的审美观点和需求也在不断变化，使消费市场的整体风格也发生了变化，但作为市场核心的人的价值是无法更改和变化的，因此，以人为本的设计理念和设计形式只能跟随时代、社会环境以及人类审美和需求的变化而变化。许多优秀服装品牌虽然价格相对昂贵，外观相对奢华，但它们的设计理念同样遵循以人为本的原则，他们以人的价值为第一追求，讲究人道，在设计服装过程中秉持人本主义，保证设计出的服饰穿在身上是一种美好的享受。例如，匡特、纪梵希等一大批生活在二十世纪五六十年代的设计师，他们就大胆设计了宽松长裤、超短裙等服装，用自由、宽松的线条使人体脱离束缚，是以人为本最直观的体现。再如，当前大行其道的服装品牌“以纯”，主要受众为二十岁左右的青年，其主打服装为年轻人喜爱的休闲服饰，追求休闲、浪漫、新颖、潮流、清纯的风格，服装所用面料多为针织、纯棉或二者混合，价格也比较亲民。

设计师德雷福斯（美国）曾经这样说：“要是产品阻滞了人的活动，设计便告失败；要是产品使人感到更安全、更舒适、更有效、更快乐，设计便成功了。”显然，服装设计界将以人为本当作其基本的设计标准，设计师能将服装的形式性和功能性结合起来，可以使服装更加生动，具备多样化、人性化的特点，以其作为人文精神的外在表现，再结合人体工程学、大众审美学、环境心理学等一系列专业的设计手法，才能真正设计出兼具实用性和舒适性、形式性和功能性的服装。

以人为本的设计理念不单单是现代服装设计的基本理念，也是贯穿整个服饰文化的核心内容。

二、绿色环保的设计理念

人类社会在经历过工业化时代的高速发展后逐渐到达了巅峰，但人们逐渐发现周边生态环境已经受到了严重破坏，回首望去，生态资源被过度开发，环境遭受了严重污染，许多野生动物几近灭绝，人类的地球母亲已经千疮百孔。基于此，人类开始深刻反思，逐渐意识到生态环境与人类的存续休戚相关，继续破坏地球就是自取灭亡，人类正在承受的许多伤害其实就是大自然对人类的报复，因此，必须保护生态环境，还地球以清明。现代人开始倡导绿色环保、节约能源，尽量选择绿色的、健康的、节能的生活方式，这一理念也传递到了服装设计界，受到这种大势的影响，绿色环保的服装设计理念诞生了。

所谓绿色环保的设计理念其实就是以保护环境和节约资源为核心确定设计思路和研究设计方法。设计师通过改变设计观念，秉持维持人类社会发展、保护生态环境之心，从环保、自然、节约、科学等多个方面入手，从美术设计以及回归大自然的角度着手，唤醒人们尊重自然、保护自然、喜爱自然的生态意识。[①]

绿色设计理念一经提出，便引起了服装行业的巨大震动，其中最直观的表现就是各种环保型服饰面料的问世以及广泛应用。许多生产厂家直接摒弃传统那种原料成本高、生产消耗大、加工污染严重的密集型工业化生产方式，开始生产绿色、健康、不损害生态平衡、可回收再利用的生态纺织品，这种纺织品不但在原料的生产和运输方面符合生态性，产品的生产和消费过程同样符合生态性，甚至产品的废物处理以及回收利用也符合生态性，换言之，这类产品的整个周期都是生态、绿色的，特别是服装的生产过程更是严格遵循无污染生产。随着绿色环保观念更加深入人心，各种各样的新式面料如雨后春笋般出现，还诞生了多项特殊的纺织纤维技术，成绩斐然。例如，由天然棉丝、麻、毛等纺织成的面料因其天然的色泽以及舒适的触感深受人们的喜爱，但是这些面料的印染相对复杂，很容易对生态环境造成重大污染。许多科学家为避免面料印染过程破坏生态环境，夜以继日地研

① 欧阳静．现代服装设计理念的探讨[J]. 江南大学学报（人文社会科学版），2005 4（2）：116-118.

究和试验，最终研发出可有效解决印染问题的生态棉纤维。我国也对天然彩棉进行了大量的研究和试验，获得不菲的成就，我国研发的天然彩棉在种植过程中不需要额外使用任何非天然的化学药物，如农药、化肥等，这能有效减少污染，而且用这种彩棉种子种植出的棉花本身就有一定的色彩，如棕色、绿色等，根本不需要印染上色，自然能避免印染环节的污染。另外，由于这种原材料没有添加任何添加剂，属于纯天然绿色产品，由这种天然彩棉纺织成的面料不仅不会污染环境，还不会损伤人体，还具有普通棉面料的基本功能，如护体、御寒等，关键是在水洗后颜色也不会脱落。这些新型面料和技术都体现了现代服装设计中绿色设计理念的充分运用。

根据绿色环保理念设计的服装不但使用的面料是天然无污染的，而且服饰的其他配件如拉链、纽扣等也都采用了原生态材料，甚至连花色和款式都能凸显出环保的概念；而且在服装的生产、加工、销售等各个环节都从保护生态环境的角度出发，拒绝添加任何化学原料以及其他对环境有破坏作用的物质。

显然，绿色环保的理念和当代人的思想相吻合，所以，应用这种理念设计的服装逐步成为新时代的时尚潮流。

由此可知，绿色环保服饰拥有十分广阔的市场前景，尤其是婴幼儿市场，父母都希望自己的孩子身体健康，而婴幼儿娇嫩的肌肤很容易被化工面料或化学助剂损伤，他们自然更喜爱由绿色面料或不添加任何化学物质制成的服装。在对原材料进行纺织加工的过程中，必须严格遵循生态管理指标，尤其是在使用化学物质的印染过程中更要严格把控添加化学助剂和染料的类型与重量，保证符合生态标准。例如，金属络合染料可能会在反应中析出重金属，不溶性偶氮染料可能在反应中释放芳香胺，有致癌作用。江苏东渡纺织集团在制作儿童服装时会运用绿色的植物染料，属于世界首例，但植物染料也有一定的缺陷，如颜色单一，仍需深入研究。此外，在运动服装市场中绿色环保服饰同样有一席之地，无数运动爱好者十分喜欢这种代表生态、绿色的服装。

同时，无论企业规模是大还是小，所有服装生产企业都特别重视保护环境，这在服装配饰上有最直观的体现。原本的服装配饰多为金属制品，基本都会通过电镀工艺来防止其腐蚀生锈，但这个工艺流程会生成大量污染环境的有害物质，而如今的服装企业一般都使用绿色环保饰品，不仅环保还极具观赏性。例如，有些生产企业会直接使用不锈钢或合金来制作配饰，有些生产企业会使用硬果壳，通过手工绘制或机器雕工的方式制作成带有自然气息的木质配饰，当然少不了各类石、木、珠、翠、玉、钻制作的首饰，这些不但能减少环境污染，还能增强服装外在形式，使其更符合时尚潮流。

当代人在快节奏的生活当中感受到无穷的压力，不由得萌生出对大自然的向往，对“采菊东篱下，悠然见南山”这种田园生活的殷切期盼。根据人类的这种心理，服装设计师可在选择运用多种绿色环保材料、天然材料以及保健材料的基础上设计出凸显绿色、健康的服饰，迎合人类保护自然、回归田园生活的内心，这类服饰造型并不复杂，外观简洁、落落大方，却处处透着一股灵动，显露出一抹绿意，兼具时尚感和质朴感，而且这类服饰不需要添加过多、过大的配饰，就可营造出一种田园山村的安逸、宁静之感，使日日忙碌的当代人被服饰中蕴藏的平和与浪漫所吸引。Cath Kidston 是英国一个十分有名的服装品牌，它的主打风格就是恬静、简约的田园风，它成立于 1992 年，最初只是一间售卖布料和二手家具的小店铺，但 Cath Kidston 女士偶然发现店铺中的古典器具、传统家具以及布料中蕴含的一股特殊的韵味，她开始设计可以展现这种韵味的墙纸和布料。她最成功的是将各种传统的田园花卉图案转换成兼具传统魅力和时尚感的印花，并将这种印花应用到所有生活用品上，如家具用品、雨伞、桌巾、手袋、包以及各种其他配饰上，这种碎花用品一经推出迅速获得了无数女性的喜爱，一跃成为著名时尚品牌。这种碎花设计虽然看着十分简单，但也充满了多重变化，如在造型上多选择轻松、活泼、趣味性以及不平衡的元素，在自然中更多地展现自然本身以及超越本身的美感和舒适之感，使人和自然达到平衡。我国同样有以绿色田园风为主打风格的服装品牌，名为“江南布衣”，主要受众群体是都市女性，服装的整体设计风格十分简洁，有无拘无束之感，不但具有自然的传统魅力，还凸显出时尚的色彩，展现出中国特色的都市田园风格以及浓厚的浪漫主义情怀。

现代服装坚持绿色环保观念，通过运用多种天然环保的面料，用最自然的色彩，简洁、自然的表现形式以及恰当的、舒适的设计方式展现出人们保护生态环境、珍惜自然资源的态度，反映出人渴望回归自然，追求天人合一的殷切期盼，拥有巨大的发展前景。

三、与科技同步的虚拟设计理念

时代在进步，科学技术、工业技术以及信息产业技术都获得了迅猛发展，人们的生活节奏逐渐变快，生活方式呈现出多样化特性。如今的社会已经从机械时代步入电子时代，各种新型科学技术不断面世，使现代服装设计获得了更多的发展契机。服装行业已经从原本的工业化逐渐转变为现代的信息化，从传统的人工加机械转变成由计算机直接控制服装的设计和生产，显然，现代服装行业正在面临一场历史性的变革，这种变革是由不断更新迭代的现代科学技术引发的，其中最具代表性的就是计算机技术，而服装设计理念自然也会产生相应的变化。其中最具代表性的变化就是虚拟现实服装设计这种在近些年才兴起的设计方式。

所谓虚拟服装设计其实就是服装设计师借助现代计算机图形动画技术对人所处的真实场景进行模拟，从而完成服装设计的方式。这种方式虽然是通过计算机虚拟场景，但却综合了所有的信息，它表面属于数据图形，本质却是对真实世界的一比一还原。这种设计方式其实是计算机技术和动画技术的完美融合，设计师就可以直接在计算机上对服装的样式、外观以及各部位尺寸进行合理变化，以求获得最完美的成衣效果。最早这种虚拟技术只是应用在设计广告特效、地图模型以及电影等方面，后来有些专家发现这种技术的优势可应用到服装设计当中实现服装的立体式设计，遂在服装工业以及其他领域进行了广泛应用。目前，法国、美国等国家已经在实际设计过程中使用了这项技术，美国格柏和法国力克共同提供了互联网虚拟技术，设计师能通过这项技术完整地观察到服装的三维运动趋向以及全息的、仿真的模拟效果图，从而选择更恰当的服饰面料、图案以及设计图形，面料选定后可应用此技术详细观察面料的机械性能以及自然悬垂效果，帮助设计师确定面料的合理性，显然，设计师只需花费少量的时间就可以定制出一套服装，而且在模拟效果不理想的情况下，设计师可马上在二维或三维空间内修正服饰的材料和外观，以求获得最佳的设计效果。

美国的虚拟服装设计技术已经正式启用并逐渐形成产业集群。一些虚拟服装设计网站可以根据客户的时尚要求为用户提供定制服务，量体裁衣。这种情况下，服装设计师和用户根本不用面对面，只需通过虚拟网络就能完成双向交流。他们根据用户提供的个人信息构建虚拟的三维人体模型，然后结合用户的时尚需求和自己的设计理念精准设计出整体服装的多个二维服装片，最后将各个服装片缝合在一起穿在模型上，观察服饰的综合效果。在此之前，他们还需要清楚不同面料的各类参数，如重力、运动、风力、质感等，了解所有信息可便于其在设计时选用恰当的面料，便于在模型模拟时的穿着效果更加逼真。在设计过程中，用户只需通过网络就能和设计师沟通，网络的作用不仅如此，用户还能通过网络直接观察服装的真实穿着效果，在一定程度上还能感受到面料的机械性能和悬垂感，如果用户稍有不满就能直接要求设计师进行修改，设计师通过修改二维或三维空间的衣片形状、色彩、裁剪以及面料等进行相应的调整来获得最佳的穿着效果。通过双方的友好交流不仅能使消费者享受设计的快感，还能心甘情愿地进行消费。

虚拟服装设计技术不单单可以为高级定制用户提供方便，还是普通消费者通过网络购买相关服装的重要途径。有数据表明，美国服装的网络销售在整个服装销售中占据的比重偏高。消费者在网络上购买服装只需提供年龄、臀围、腰围、胸围、身高以及想要购买的服装款式，网站就能自动生成穿着用户要求的用户人体模型，便于用户选择满意的、恰当的服装。这种虚拟服装技术直接消除了设计和销售之间的中间环节，深受人们喜爱，国内越来越多的网站开始应用这项技术。

我国当然也在不断地研究和发展新型技术。我国广东省“创新科技中心”的设计师为了制造出完美的内衣会在设计过程中使用仿真的人体模型，同时搭配高超的立体裁剪技术。另外，中心还购买了一台拥有世界先进激光技术的人体扫描仪，通过扫描收集中国人的人体数据，并将所有收集到的数据组成数据库，保证中国的服装工业踏上科技发展的星光大道。国内的一大批服装院校为了使自身紧跟时代发展，也先后购买了各式各样的先进服装设施，由此可知，网络服装设计的市场空间和应用前景是空前的。

四、文化内涵的设计理念

21 世纪是一个前所未有的新时代，这个时代的信息已经实现了高速传播，所以无数的信息充斥着这个时代，无数种文化在这个时代获得了繁荣发展，并发生了激烈碰撞，最终实现了大融合。在这个时代，科技足够发达，人们的生活水平远超以往，服装最基本的蔽体御寒功能已经不能满足人们的需求，人们希望通过服装来展现自我，突出自己的个性，即服装的作用不但要维护人的外在形象，还要展现人内在的精神世界和思想理念。在现代化的今天，服饰虽然变得五彩缤纷，但它代表的是人内在的精神需求，具有丰富的文化内涵和极高的艺术品位。服装是当代文化最直观、明显的外在特征，服装设计自然会受到当代文化和艺术的影响，而服装设计形式的变换基本都与文化有关系。流行服装是流行文化的一种，那么服装也是时尚文化的一种，只不过属于一种动态变换的文化艺术，它和其他类型的艺术作品都不相同，拥有独属于自己的特性。基于此，服装设计师在设计服装时必须紧贴时代，与时俱进，结合当代的思想实现传统服装设计的创新和改革，展现独特的文化内涵。

服装是当代独特文化最直观的外在表现，拥有深厚的文化价值，人们想要展现这种文化价值必须对当代服装进行深层次的挖掘，了解其文化内涵，那么如何透过服装的外观深究其内在文化内涵呢？这就需要当代的服装设计要重视文化品位，凸显文化理念，挖掘文化内涵，使服装具有独特的风格。现代服装设计受到文化理念的影响能逐步丰富服装的品位、风格、样式，从单一化向多元化转变，由浅层次向深层次跃迁。以技术为核心、功能为主要目标的、形式单调的服装设计已经无法满足现代人的需求，他们开始调转目光，希望从传统、历史以及自然界中寻找兼具艺术个性和文化价值的多元设计。因此，现代服装设计必然脱离单一文化，转而追求多元文化，高度重视传统文化、地域文化，以求实现现代文化的多元化形式能和传统文化的深厚内涵的完美融合。

以最常见的 T 恤来举例说明，如今的 T 恤十分普通，样式简单、穿着随意，身影遍布大街小巷，绝对属于大众文化的代表，但 T 恤曾经是某个时期引领潮流的服饰。在 T 恤中能完整展现服装的个性特点以及文化内涵的且具备特殊精神价值的服饰只有一种，就是文化衫。所谓文化衫其实是我国人民对于拥有特殊含义的圆领T恤的别称，这类服饰上的图案五花八门，可以是照片、图画，也可以是文字，这类服饰的目的可以表达自我主张，可以充当宣传媒介，甚至是宣传企业优势、构建企业形象的关键事物，如百度文化衫，它不仅能彰显出百度员工的身份，也代表了百度企业的外在形象，如果作为赠品送于客户也能起到良好的宣传作用。文化衫的形成包括两部分，T恤基材和文化图案，用户先选定T恤的面料和类型，然后选择适合的文化图案，最后将图案印在T恤上，成为文化衫。这种文化衫很受现代年轻人的喜爱，因为它能选择多种图案，如潮流信息、卡通人物、宠物、音乐、民族、政治等，更能满足年轻人张扬个性，凸显自我的需求，成为一种新的流行趋势。而且，文化衫的袖口、领口、图案、色彩都能随意变化，能紧跟时尚的步伐引领流行趋势，它还具有极强的亲和力，大众也很喜欢。

文化衫使用的色彩同样千奇百怪，可以是单色，也可是混色，甚至可以是变色。所谓变色是指某种颜料在受到不同强度光照时会显示不同颜色，基于此，在印制文化衫时可以使用变色颜料，该文化衫在不同场景会显现两种颜色，或者显现两种图案，甚至直接从没有图案变成了炫彩的图案，既有新意又环保，还能拥有无限的创意，直接打破了传统服装图案单调、刻板的印象。文化衫上印制的图案就是穿着者想要承载和表达的文化，因此，文化衫可以看作是时尚的一种，但它更可能代表的是人们对时尚的呼唤，人们希望自己的生活能和文化衫所蕴含的文化内涵相同。根据文化衫的定义还衍生出一些其他的T恤类型，如亲子衫、情侣衫等。文化衫的面料、款式并不重要，重要的是它所代表的文化意义。透过文化衫，我们可以感受到它独特的情感，独特的人文情怀以及充满幸福、自由的、凸显个性的文化意境。

此外，服装的地域文化特点同样是服装设计不能忽视的关键内容。不同国家和民族由于所处的地理位置、生活周边的自然环境以及族内结构的不同自然会形成特殊的地域文化，当然，也正因为各个民族独特的、有差异的文化才使得整个人类的文化如此繁荣，充满着活力、个性和朝气。服装文化作为文化的一种特殊组成，在不同社会环境、自然环境都会呈现出当地的特色，地域性极强。处于不同地域的国家和民族在政治体制、经济制度上有明显差异，但在精神层面和传统文化上有一定的共同点。所以，我们应该尊重其他国家和民族的文化，并从中寻找其优点，以彼之长补己之短。现代服装设计尊重地域文化最直观的表现就是设计师设计出的服饰能完美展现当地的气候条件以及风土人情，凸显当地民族的个性特点和文化内涵。优秀的现代服装设计不但能展现出服装的地域文化特点，还能展现出当地的文化感，同时还要能对当地的传统文化进行大胆创新和深度发掘，兼并外来文化，使不同民族、地域以及东西方传统文化转变为拥有个性化特征、地域化特征的多元现代型文化。传递文化的互动与融合，兼容并蓄不仅是现代服装设计文化理念的重要特征，还是当代服装设计未来的发展趋势。

日本服装设计在兼具现代特性和民族特色方面获得了耀眼的成就，受到多国的赞扬。川久保玲、三宅一生、君岛一郎、森英惠等著名的日本设计师在深入了解本国传统文化和民族精神的基础上吸收了外国的文化和设计手法，同时将其他各家的设计理念融入自己的设计思维，最终设计出的服装不但具有日本民族气质，还拥有十分流畅的线条，既包含了东方传统文化的内在又包含了国际化的造型和语言。显然，这种设计无论是在传统和现代的结合方面还是个性化、地域性的设计风格方面都是一种有意义的实践探索。这些设计师通过运用充满民族化的改造和设计方式，希望自己的服装设计理念和创意能与世界接轨，这种成功的经验很值得我们借鉴。

我国历史悠久、民族众多，民族服饰文化自然也具有悠久的历史，它是我国无数设计师灵感的源泉。我国设计师在承继中华民族的传统文化后，对其开展了深入的研究和探索，希望从中寻找到中华民族坚强的魂魄，寻找到中华民族不朽的民族精髓，同时将这些内容融入自己的设计理念，达至融会贯通之境，从而使自己设计的中华民族服饰具有浓厚的文化内涵，将中华民族传统文化发扬光大。

20 世纪 60 年代到 70 年代，民族类型的服饰开始在世界上兴起并迅速风靡全球，无数设计师开始设计各式各样的民族服饰。著名的服装设计师圣洛朗就曾设计过多个系列的民族服饰，如印第安风格的服装、俄罗斯风格的服装以及中国传统风格的服装，其中中国式服装更具民族特色。中国传统风格的服装系列包括立领宽袖的上衣、笔直的长裤、皮靴以及笠形帽，服装款式中规中矩，并没有特别典型的中国元素，但从整体来看中国清朝的气息扑面而来，上衣和首服与清朝的戎装极为相似。这一系列服饰也是圣洛朗设计服装中具备民族内在的典型系列。

设计民族服饰在今天的服装界已经成为一件普通到不能再普通的小事，几乎每年都会有设计师设计一些带有民族风格的服饰，如吉卜赛风格、中式风格以及波希米亚风格等。2001 年，无数到上海参加正式会议的与会者均身穿唐装，瞬间吸引了所有人的眼球，唐装也成了当时中式服饰的领军者，在世界服装界引起了轩然大波。唐装是中国独特文化的产物，带有无可比拟的东方魅力，不仅扩宽了世界服装界的视野，还为西方了解东方、了解中国、了解中国五千年文化打开了方便之门。

文化经过连续的传承才能实现永恒的发展，当前时代属于文化大融合的时代，文化已经获得了巨大的发展。服装设计应与当代的时代背景相吻合，当代社会的文化内涵、审美需求以及技术水平都是制约服装设计稳步推行的条件，尤其是当代正是科技迅速发展的时代，借助服装展现思想内涵和文化精神更是服装设计理念的重中之重。

所谓设计并非一项简单的工作，它是在各个方面进行思维活动的集合，因此，一名优秀的服装设计师不但要对时尚潮流有足够的敏锐感，还要具备独特的个人特性。服装设计属于创造性的思维活动，但也并非是为了创造而创造，它需要结合当代的时代背景、文化内涵、社会观念以及社会现象，最重要的是能体现穿着者的个性特征。服装设计是一种将设计者的艺术思维、色彩运用以及对人类情感的表达完美融合在一起的产物，设计师想要通过设计出的服装来收获理想的视觉效果，抒发自身对日常生活和情感的感悟。我们日常生活中使用的所有服饰都可以看作是设计观念和创意完美融合的产物，蕴含着独特的美感，它们是当代服装设计师根据自身的审美观念使用高超的设计手段设计出的符合社会发展的产物。如今，人们的生活水平较以往有了显著的提升，普遍化服饰不再是当代人们的追求，个性化服饰才是人们需求的最终归宿，因此，服装设计师在设计时必须坚持以人为本，以展现个性化为核心，实现特色化为目标，同时满足消费者的审美意识和个性要求。

第二节　当代绿色环保服装设计理念创新应用

我国的绿色服装设计仍处于起步阶段，而日本、瑞典、芬兰等发达国家在绿色服装设计领域属于领军者，我们完全可以从这些国家在绿色服装设计领域的实践活动中汲取相应的经验，总结可行性原则，同时将这些内容和我国的实际国情做对比，从中寻找出一条独属于我国的设计观念和方法。

一、绿色设计理念下服装创新设计的原则

设计是一种科学的、理性的活动，不仅具有针对性，还要遵从一定的秩序，绿色设计理念是在当代社会背景的基础上得出的具有特殊属性和形象的新型产物，该理念的形成和发展与当前社会、企业以及民众自身环保意识的觉醒、形成以及不断增强有关。当然，现代服装设计也需要受该理念的影响和制约，设计的所有环节都要遵循绿色、环保原则，从而设计出绿色、健康、环保的，既符合可持续发展环保理念，又符合时代发展要求的新产品，其中最重要的一点就是理清产品和社会、自然以及人类之间存在的内在关联，清楚产品在不同发展阶段具备的特殊性能。绿色服装创新设计遵循的原则如下。

（一）节能环保设计原则

服装行业一直都是一个需要消耗大量能源的行业，为节约资源必须遵循节能环保设计原则。以牛仔裤为例，生产一条牛仔裤大约需要使用三千克化学物质和四升水，而且在制作过程中还要添加各式各样的化学试剂，很容易造成环境污染。在此情况下，设计的各个环节都要遵守节能环保设计原则。首先，控制并改变生产源头。在设计初期必须坚持使用环保型纤维面料和环保染料，从根源上消除污染发生的可能性。其次，应用绿色的加工工艺。在设计中期尽量选择一些绿色环保的加工技艺和生产流程，减少过程污染。最后，保证工艺废物绿色处理以及产品的循环利用。在设计末期尽量通过化学或物理的方法对工艺废物进行绿色处理以及产品的循环利用，绝对不能选择对环境伤害极大的焚烧和堆填等方法。显然，绿色观念必须贯穿整个设计过程，确保生产的每个环节都是绿色、健康的。

（二）减量化设计原则

所谓减量化设计原则就是适当降低服装的资源消耗，增强服装的实用性。该原则主要体现在两方面，一方面是设计师在设计过程中必须充分考虑服装的整体结构，明确服装的款式、用料、色彩以及配饰等，将所有元素的用量控制在一个有限的范围内，防止出现浪费行为，如服装不需要使用过度的装饰，既能降低成本，还能保护环境。另一方面是所有的独立设计师、设计工作室以及不同规模的服装生产企业都要重视服装的“质”与“量”，设计出的服装重“质”不重“量”。因为当前的服装企业一直奉行工业化、规模化生产，一味地重视产量而不重视质量，对环境有破坏作用。遵循减量化设计原则，重质不重量，能在降低产量的基础上提升服装的分量感和景致感。但遵循这种原则并非不用设计或使用空泛的设计，而是要求设计师要设计出凸显主要元素、包含次要元素的服装，设计要足够合理、科学，能吸引消费者的目光。

（三）资源再利用设计原则

所谓资源再利用设计原则就是确保服装可以被多次重复使用，主要包含下列三个途径，第一，选择服装原材料时就要考虑成品服装能否重复使用，能否降解或回收；第二，通过适当的手段对服装进行回收、加工、二次使用。通过旧衣回收等手段方式回收那些破旧、丢弃的服装，经过分类整理后对其进行二次加工和处理，赋予它们第二次生命，实现环保再利用；第三，通过一些 APP 或平台实现服装的二次销售。将那些完整的、略显陈旧的服装经过处理后直接放在二手服装店、服装租赁店出售，也可将其挂在二手旧货 APP 上售卖，如闲鱼、飞蚂蚁等，通过这种二手回收、售卖实现服装资源的二次利用，降低对环境的污染。

二、绿色设计理念下服装创新设计应用

绿色服装其实就是服装设计师运用绿色设计方法和绿色环保技术设计出的形式服装。

如今，生态环境问题堪忧，服装发展也受到一定影响，因此，无数

专家开始研究如何实现服装设计的“绿色可持续”发展，使当代服装具备“功能全面性”“价值创新性”“环境友好性”的特性。

（一）新型环保功能材料运用

远古时期，人们制作服装的原材料是羽毛、树枝叶以及动物皮毛，配饰则是动物骨头或贝壳等。今天，人们制作服装的原材料更是多种多样，常用的有各种天然纤维，如羊毛、蚕丝、棉花等，还会运用各种合成纤维，如聚酯纤维、氨纶纤维等，随着时代的进步，科技迅猛发展，各种新式环保面料也相继问世。

我们现在的穿着服饰所使用的原材料基本都不能实现生物降解，但各种新问世的新型绿色环保面料使用的都是可降解的环保纤维，如菠萝纤维、竹纤维、大豆纤维等，更利于制造绿色可持续利用的新型服饰。而且，如今的人类对环保越来越重视，未来很可能出现使用真菌、酵母、藻类、细菌以及动物细胞制成的面料。在当前环保理念大行其道的局面下，人们自然会更重视和认可绿色、环保的服装原材料，这些原材料也具备无限广阔的发展前景，尤其是那些可直接降解的原材料，用这类原材料制成的服装在将来因个人不喜爱或过时被丢弃时可以自动降解成各种无害物质，不会污染环境。除了上述特殊的绿色纤维外，各种形式的有机染色工艺也被研发成功。

绿色设计理念下的服装设计最基础、最关键的一点就是合理运用各类绿色环保的服装材料，显然，新型的环保的材料对于服装设计的重要性不言而喻，这类材料主要分为以下三种类型：第一，绿色环保材料。这类材料不会对环境产生污染，因为在培育这种材料时没有添加任何额外的化学物质，任由纤维自由生长。这类纤维并不会对人体健康和生态环境产生任何影响，而且在生命结束后能够回收再利用。第二，天然科技材料。这类材料是运用先进的科学技术将天然的动植物纤维编织成新型环保面料的，这类面料制成的服装在后期可以完全降解，既节能又环保。第三，功能性面料。这种面料属于新型科技产物，拥有降温、除湿、保暖等多项功能，我国对这类面料的研发和应用还处于初级阶段，但其确实拥有广阔的发展前景。这类面料对人体健康有益，属于绿色发展方向。现代服装设计师必须充分了解各种服装面料，在设计服装时结合用户需求和时代特性以及面料对环境的影响程度来确定面料类型，再通过恰当的设计方式设计出不会影响生态环境的绿色服饰。

例如，德国著名设计师康斯坦丁·格里奇（Konstantin Grcic）和慕尼黑著名服装品牌 Aeance 强强合作设计并推出的某系列服装就属于新型的绿色服饰。此系列服装使用的是回收后二次利用的、可生物降解的天然材料，属于绿色材料，服饰的上色十分简单，拉链、纽扣等配饰都采用了隐藏式设计，使得服装的整体造型偏向干净利落，一尘不染。当服装的使用周期完结之后，服装可进行再次回收和利用，也可选择自然分解，不会破坏环境，符合现代社会绿色设计理念。

（二）旧物升级再造设计手法

人类和环境之间存在的作用力是相互的，当人类破坏环境时，环境也会对人类产生一定的影响。当今社会，服装生产企业在不确定需求量的基础上一味地进行大批量生产，造成供过于求的局面，导致生产出的服装无处售卖，只能堆积在仓库，不仅限制了企业的发展，还会对社会环境有一定的影响。对此，现代服装设计师做出了强有力的回应，他们将会积极研究如何解决服装企业库存积压严重以及服装生产过程中生成废弃物如何处理的问题，保证服装生产遵循绿色、环保、可持续发展的理念。

日本著名服装设计师原研哉曾经这样说："Redesign 的内在追求是回归原点，重新审视我们周围的设计，并以最平易近人的方式探索设计的本质。"显然，对旧物进行升级再造完全符合绿色设计理念，但这对于设计师来讲是一项重大的挑战。这种旧物再造其实就是以旧物为基础进行二次创新，会直接改变服装原本的风格、造型、色彩以及表现形式。

旧物升级再造的设计手法主要有三种，第一，对旧物的面料进行升级再造；第二，对旧物的款式进行升级再造；第三，对旧物的搭配设计进行升级再造。对旧物进行升级再造的过程可以对局部设计进行升级再造，也可以对整体进行升级再造；可以对面料进行手工加工，也可以对面料进行机械加工。所谓旧物升级再造其实就是通过手工或机械的加工手法对旧物的局部或整体的设计进行二次处理，保证旧物拥有全新的艺术造型，获得额外的生存价值，延长其生命周期。[①]

第一，对旧物的面料进行升级再造。例如，将多件具备类似色彩的服饰的面料拆分成零散的、规则的形状，然后在将它们按照一定的规律错位连接在一起，获得新颖的、鲜艳的视觉效果；还可以将拆解下来的面料进行反复的褶皱处理，形成褶裥，并将其缝制在服装的其他角落，使服饰增添层次感。例如，将陈旧服装的部分面料进行有序的破坏，形成新的造型再运用到新式服装当中充当配饰，将一些非针织类的面料进行镂空裁剪，获得全新的有别样质感的面料。显然，服装设计师通过改动服装原本的面料，或增或减，就能获得全新的视觉效果。

第二，对旧物的款式进行升级再造。以“再造衣银行”这个可持续性时尚品牌为例。

“再造衣银行”是著名服装品牌 FAKE NATOO 旗下的一个全新的品牌，成立于 2011 年，创始者是张娜。所谓的“再造衣”其实就是对回收的破旧衣物进行重新创作后得出全新的服饰，而“银行”可以看作是回收破旧衣物的渠道，是旧物升级和二次流通的地点。该品牌的创始人张娜十分推崇绿色设计理念，认为旧衣物在经过可持续设计后完全可以重新面世，而且这类衣物具有特殊且重大的意义。将一些过时的、破旧的衣物经过重新设计后再次拥有无限的生机，既能节约资源还能保护环境，一举两得。

在绿色设计理念的影响下，张娜对于旧衣物有全新的美学感悟，推出再造衣的定制系列服饰。例如，张娜曾将用户在怀孕时穿着的宽松牛仔背带裤和女儿穿着的蓝色牛仔裤以及用户丈夫穿着的黑色牛仔裤经过适当裁剪后融合在一起，设计出一件独特的牛仔夹克，并在女儿生日时用做生日礼物。此件牛仔夹克的袖子是用母亲的背带裤制作的，且完整地保留了背带裤的贴袋，只是将其倒置过来，充当了一种另类配饰。这件牛仔夹克包含着一家人珍贵的回忆，具有过去、现代以及未来的特殊意义。牛仔面料一直都是一种污染性极强的面料，很容易对环境造成严重污染，但通过这种再造不仅使其拥有了全新的含义，而且能有效避免环境污染。

---

① 郑晓静．论原研哉的“再设计”[J]．赤峰学院学报（自然科学版），2014（23）：33-35.

再造衣银行这一品牌通过对旧衣物的款式进行升级再造不仅保留了用户对旧衣物的回忆和蕴含的内在情感，而且避免了旧衣物对地球环境的破坏，符合当代绿色设计理念。显然，如今的服装设计并非一味地追求时尚潮流，而是在追逐时尚中融入环保观念，实现了有温度的设计，这种对旧衣物的重新设计和应用蕴含着有意识的、理性的生活方式。

第三，对旧物的搭配进行升级再造，以戴安娜王妃为例。

无数服装生产企业的设计师为实现绿色服装设计可持续发展贡献了自己的微薄力量，许多个人也不例外，但有一个人始终站在时尚的前沿，竭尽全力的推动着绿色服装设计的可持续发展，她就是戴安娜王妃。她作为当代的时尚达人对于潮流有着独到的见解，对服装有着独特的审美，值得后世子孙参考和借鉴。

戴安娜王妃对于服装一直秉持着环保的理念，对于过时的衣物并未直接丢弃，而是结合自己对时代潮流的理解进行重新设计和修整，如将一件浅蓝色泡泡长袖修身连衣裙改造成无袖抹胸晚礼服，修改完成后完全是两件服饰，原本端庄、秀丽，改后变得性感、清新，她通过服装的重新改造，实现了服装设计的可持续发展，大大延长了该服装的使用寿命。

（三）“混搭法”实用设计

所谓“混搭法”设计其实就是将两件或多件服饰单品通过混搭的方式穿着在身上，使呈现出别样的视觉效果。相同的一件衣服因为搭配了不同色彩、风格、材质的服装会产生新的视觉感受，这种与传统风格相异的风格具有独特的韵味，深受当代人喜爱。换言之，“混搭法”实用设计可以有效改变如今服装行业面对的环境问题，这种混搭能从旧事物中发现其新玩法，不但能有效降低能源的消耗和浪费，而且能减少人们购买新衣物的数量和频率，延长服装的生命周期。

混搭与传统相比，其精妙之处在于混搭服装既能体现所有单品服装的风格，还形成了全新的服装风格。以西装上衣为例，传统西装上衣一般搭配西裤，穿着后显得正式，但没有新意；如果上身穿西装，下身穿纱裙，这种混搭不仅使人耳目一新，还能将刚柔集于一身，带来别样的视觉效果。混搭其实是一种尝试，一种挑战，它并非是胡乱搭配，它始终围绕着一个完美的“度”来回运转，切忌不能浮夸。普通民众也可以具备混搭的审美能力，如中性的和性感的混搭、正式的和休闲的混搭、甜美的和帅气的混搭等，这种碰撞的混搭风格更具惊艳效果。

有些人认为混搭的服装一定要符合潮流，因为混搭是人根据自己对潮流的理解搭配出来的，蕴含着每个人对时尚的追求。当然，混搭并非一成不变，它与搭配者的职业特征、专业特性有着很深的关系，有些人还会因为穿衣风格多变混搭出多种组合。而且，搭配者在进行混搭时会将所有单品根据自己的审美意识、想象力丰富程度进行搭配，无论单品原本是否亮丽都能在混搭风中获得不一样的自我。对普通人来讲，混搭是接近时尚最有效、最实用的办法，它能为穿着者增添活力，拥有别样的魅力，但这种魅力却来自搭配者的自主性设计。另外，混搭符合当今时代发展，可以和时尚发生奇特的化学反应。

（四）“可拆式”循环设计

所谓的“可拆式”循环设计其实就是将服装的不同结构和配饰设计进行拆分，便于其进行循环利用，延长服饰的生命周期。

原本可拆式设计主要运用在工业设计上，而且研究此类设计对产品的生命周期以及周边生态环境有一定的影响已经获得一定进展，那么，这种可拆式设计能否应用在服装设计上，成为一项对环境无害的绿色设计方法。现从三个角度分析，第一，将服装结构设计为可拆式。例如，将上衣的身子和袖子设计为可拆式，中间用拉链连接，可以实现一衣多穿，既能用作马甲又能用作外套，还能将单独的袖子和其他服装搭配；又如，将裤子的裤腿设计为三片可拆式布片，中间用拉链或魔术贴相连，三片中的一片可使用其他颜色，这样能使裤子出现多种色彩组合进而提升穿着率。第二，将服装的配件设计为可拆式。例如，童装衬衫的配饰往往会设计一个单独的小披肩，用纽扣与衬衫相连，能自由拆卸，如果和不同位置的纽扣相连就能形成多种搭配形式。也可以将女装的口袋、袖口、领口等设计为可拆式，任由顾客在家自行组装，能形成多种造型的服装，提升穿着率。第三，将废旧的可循环使用的服饰当作其他服饰或物品的配饰。例如，废旧的棉质连衣裙和T恤可以充当DIY的素材，用于设计布偶、抹布等，也可以当作某类物品的填充物，不仅避免浪费还不会破坏环境。

可拆式服装设计的核心是回收和重复利用，与绿色设计理念完全契合，具有极强的使用价值，通过这种设计方式设计师可以找到新的灵感，穿着者会发现新的穿衣方式。但是，此处的回收可以是对破旧衣物进行的回收后二次加工，也可以是对那些只是略陈旧的衣物进行适当处理后将其充当二手服饰进行售卖。例如，闲鱼、转转、thredUP、Poshmark 等国内外的二手平台都是二手服饰的主要销售平台，通过二次销售不但能获得一定的收益，而且避免了资源的浪费。

一般情况下，我国处理各类废弃纺织品的方式只有两种：填埋和焚烧，严重破坏了环境。① 如果选用可拆式循环设计，不仅能使服装实现二次或多次运用，大大延长其生命周期，还能避免填埋和焚烧污染环境。另外，如今的社会积极倡导对破旧衣物的循环利用，对于那些不喜爱或过时的衣物，我们可以将其送给慈善机构或直接作为二手商品进行售卖，而非直接随手丢弃。通过回收和循环利用或者运用其他方式重复利用能大大降低环境的负担。

（五）置换式设计手法

置换式设计手法是在绿色设计理念下形成的一种创新的设计方法，所谓的“置换”不仅能置换服装所用的材料，还能置换服装的设计理念。这种设计方法对于固有条件的要求并不高，它只是在服装设计过程中对某些结构和环节进行针对式处理和改良，从服装的材料选择、加工工艺以及最终形态等方面对服装设计理念提出新的创意和见解，提升服装的总体性能和价值。

以服装品牌“REVERB”为例，它是江南布衣集团旗下的独立品牌，是我国第一个提出服装不应浪费的品牌，它的设计理念是“Athleisure、无性别、再生和灵动”。在 2018 年举办的秋冬系列服装设计展中，该品牌推出了一款独特的羽绒服，所谓独特指的是该羽绒服的材料并未使用任何动物的皮毛，而是通过材料置换原理，将一些纱线切割成长短不一的形状拟造出一种皮毛的亲肤感，是一件绿色、环保、健康的服饰，彰

① 盛伟，王安，蒋红，等．废旧纺织品处理的探讨[J]．国际纺织导报，2011（12）：71-72，74.

显了该品牌绿色的设计理念，正确的价值取向以及较高的职业修养。

世界上大多数奢侈品的材料基本都来源于自然界各类物种，如象牙、皮草等，过度捕杀会破坏生态环境，选择置换式设计手法，能用先进的科学技术替代不可再生的自然物种，不仅能保护生态环境，还能改良我们的生活方式。

（六）无性别设计手法

无性别手法设计中最关键的词组是无性别，从字面意思理解就是服装不用明确区分男女，是绿色设计理念下一种与众不同的设计方式。众所周知，服装设计最基础的特性就是区分穿着者的性别，这种无性别的设计方法相当于直接消除了服装中代表男女性别的突出特征，无论是设计还是生产乃至是销售环节都能节约大量成本，与绿色设计理念相契合。

仍以 REVERB 品牌为例，该品牌在设计时以无性别设计理念为指导，突破传统设计的束缚，最终设计出没有明确性别特征的服饰，男女均可穿着。例如，该品牌最近刚推出的一件带有回收标志的棉质卫衣，整体风格简单、干练，没有多余的装饰，适合任何性别穿着。

（七）余料 DIY 设计

所谓余料就是指服装生产过程多余的废料，将这些废料收集起来进行 DIY 设计，不仅使物料得到了充分应用，还与绿色设计理念相契合。现代社会中，DIY 设计是一种十分潮流的设计，它能让设计者心神放松，感受平日感受不到的美，而且利用那些服装余料进行 DIY，更需要设计者拥有独到的创意、独特的审美以及高超的设计手段，只有这样才能保证设计出的服饰能受到消费者的青睐，才能在保护环境的基础上实现设计生产的多样性。

以 ICICLE 之禾品牌为例，该品牌是我国第一家以环保为主题的服装公司，该品牌系列服装的定位是“舒适、环保、通勤”，但需要注意，此“环保”并非单纯指服装原材料以及加工方式是环保的，还包括该品牌从设计伊始到最终穿着始终贯彻着环保这一重要理念，换言之，该品牌的环保意识体现在自身品牌的所有环节以及消费者的购买和与自然环境的相互协调上。该品牌的服装风格与潮流关系不大，它只是通过运用绿色的材料、合理的设计理念设计出简洁、可常年穿着的服装。

ICICLE 之禾品牌十分重视开发和运用各类环保材料，当然，在制造服装过程中余料的出现是不可避免的，该品牌为了不浪费生产余料，将 2017 年到 2019 年的所有余料进行了 DIY 制作，制成的一系列环保服饰，并于 2019 年推出主题为“自然最好玩”的限量环保服饰，由于这一系列产品的材料为服装余料，所以设计有了更多的可能性和趣味性。

（八）可回收材料绿色配饰设计

现代时尚行业在绿色设计理念指导下一直重视绿色和可持续发展，对其进行研究和探索不只在服装设计领域，服装配饰领域也在进行反复的尝试。但是服装配饰本身属于淘汰率高、消耗量大的产品，对其进行绿色可持续研究和探索主要在于如何避免其破坏自然环境，保证其发展是绿色、环保的。

以伦敦著名的手袋品牌 Mashu 为例，该品牌成立于 2017 年，该品牌的手袋设计精美绝伦，引人入胜，但制作材料却是各种回收再利用的塑料和聚酯。该品牌的设计制造有别于传统，它不仅节约能源，而且减少了温室气体排放。当然，只靠各种废弃材料制作的手包手感并不是好，该品牌设计师从菠萝叶中提取了适当的纤维代替皮毛获得了柔软的亲肤感，最终的成品不但可以整体回收，还不会影响环境。另外，充当手袋手柄的材料也是一家希腊家具公司制造过程中产生的余料，同样属于回收再利用，在绿色社会理念的指导下，该品牌实现了资源的绿色、可持续使用，意义重大，价值不可估量。

Mashu 品牌的手袋不仅十分重视绿色设计，而且将现代美学观念融入其中，手袋整体偏向简约风，没有使用特别张扬的色彩，既显时尚又不浮夸，完美彰显其低调、优雅的环保设计理念。该品牌回收原材料、加工制造过程基本都使用人力，这样能确保对环境的损害程度降低最低，能耗最低，同时彰显了该品牌独具匠心使其的产品。不管从那个角度来分析，该品牌都符合绿色设计理念，显然，设计师在融合时尚和可持续的基础上保护了环境。

第三节 “无设计”理念的服装设计创新应用

目前，“无设计”作为蕴含深厚东方哲学文化底蕴的设计理念有着非常广阔且深远的研究空间，尤其是与服装设计领域的结合，是对于整个服装市场状态与进程的净化与推进，使服装产品本身更具思想意义与社会效益。所谓的“无设计”理念是东方传统哲学观念的具体体现，将展现消费者的情感诉求和心灵向往置于首位，坚决反对当下那种重形式轻内容、重外在轻精神的设计状态，同时在产品当中融入“无”的哲学思想以及返璞归真、无中生有、天人合一等设计理念，使设计市场“慢”下来“静”下来、“放松”下来，其设计探索希望给予当代服装设计以启迪、开拓和深化，力求以最贴近身体与心灵的方式为身处忙碌、倍感压力的社会人提供 舒适、释然 、自由的慰藉。

一、“无设计”理念服饰源流及在当代服装设计中的原则与表现形式

（一）“无设计”理念服饰源流

伴随着道家老庄思想、禅宗思想、儒家思想等在历史长河中的不断成熟与发展，在为中国传统美学形成深厚积淀的同时，也成为中国传统服饰文化与服饰美学的思想源泉与理论依据。早在古代时期，先人就早已将“无”的哲学理念融入人们的日常服饰，并成为中国独有的服饰美学，成为“无设计”理念服装设计的思想雏形与历史渊源。

追溯至“无设计”理念的历史开端，便要提到道家的精神源头——自然崇拜。设计中理想、愿望的表达，标志着人类审美思想与意识的形成与发展，图腾便作为先民寄托美好思想的设计产物，为审美文化提供了深厚的渊源。而龙、青蛙、鱼这种伴随着女性生殖、母性崇拜的图腾象征，被不少道家研究者们看作是道家贵柔守雌美学思想的根源。因此从春秋战国开始，神话作为图腾和仪式的演绎式解说，也促成了道家对于自然的信仰与崇拜、对天赐之物的敬仰，由此而生成的“天人合一”“道法自然”的思想也成为“无设计”理念中顺遂无为观、生态自然美理念的源泉。

到了秦汉时期伴随着儒学的盛行，服饰审美逐渐被“礼”禁锢约束，古代社会也从此形成了完整而严苛的服饰宗法制度。但随着儒学思想的不断深化与顽固，这种的阶级意识与政治目的也使得当时人们的思想不断僵化，面对此情形，老庄从追求服饰外在装饰的“无”，与内在精神的“有”的角度实现了古代服饰美学的第一个突破。

老子服饰观中“简”“朴”成为其最主要的美学观点。如今“被褐怀玉”作为成语常用来形容一个人出身贫寒却有着真本事、真才干，而从服饰美学的角度来讲，则是主张人们不要对于华美服装有过分追求，服装的“简”与内心的“满”才是“有”与“无的”对比，体现了人们不强调外在、注重内在的思想。同时“五色令人目盲”更是老子对于服装繁复装饰的反对，在服饰色彩的审美取向上，他认为简朴低调才是一个人精神、气韵与风度的高度体现。

与老子相比庄子的服饰美学观更加自然洒脱，在崇尚外表飘洒的同时更加向往服装为人心带来的自由之感。与儒家思想所形成的重“礼制”约束的服饰礼仪制度，以及与人的自然天性相对立的观点有所不同的是，庄子提出了“解衣般礴”的观点，认为“衣由心生”，服装是不拘形迹、不受约束、顺其自然的。在此期间，儒家美学观对于古代服饰美学与“无设计”理念的形成并非都带有禁锢、消极的含义。在服饰上，孔子提出了“衣锦褧衣”和“衣锦尚絅”均体现了儒家“中庸”之观与“中和”之美，这不仅为后来古代服饰的变化与发展产生了积极意义，更加让后人开始思考如何正确对待“无”的观念以及如何权衡服装中的“有”“无”之美。

《史记·孝文本纪》中记载，汉代初期“上常衣绨衣，所幸慎夫人，令衣不得曳地，帷帐不得文绣，以示敦朴，为天下先”的着装形式已经体现出重内在轻外在、和谐统一的服装美学升华，更有隐士在服装追求简朴的同时，衣衫褴褛、蓬头垢面，以清简的着装更加突出自己的内心与灵魂，是借由服装的媒介呈现情感上的率性洒脱。总体来讲，他们在追求服装自然简朴之境的同时，更加强调其气韵生动、情蕴意浓的状态逐渐完善，并成为“无设计”理念服装中的核心与灵魂。

到了玄学兴盛、道家思想高潮的魏晋时期，从《高逸图》中文人隐士服装的飘逸自然、去奢求真的气质风度，到《洛神赋图》《女史箴图》

中女子宽博摇曳、大袖翩翩的浪漫韵味，人们将道家服饰美学发挥到了极致。进入唐代后，伴随着统治者对于佛教的大力推崇，此时的禅宗思想经过佛学与本土道家文化的浸润与洗礼，形成了别具一格的哲学思想，再一次对中国古代服饰美学的变迁产生了第二次重大的影响。在继承传统印度佛教的美学基础上，禅宗美学再一次挑战了中国古代严谨的服饰风格，以人体为美、袒露身体、以自然为本的思想统统升华了外在服饰美与内在心灵的洒脱自由。

“身著天仙霞衣，领用直开，袖不合缝，霞带云边，戴五岳真形冠，著五云轻履，行持俱足，得天仙戒果”是后来在《道德真经》中对法服的记载，在对于“开领”“袖不合”“霞带云边”等服装外形的介绍中，可深刻感受到此时服饰所呈现出的飘飘欲仙之感，这种追求“仙化”风格的服饰美学同时也把道家、儒家、禅宗共同的将“自然之神”寄予服装的迫切愿望娓娓道来，是对“无”的轻物质、心灵解脱、自然极致之仙境特点的憧憬与向往。

直到后来，人们在不同的社会环境与时代背景中，对服装审美与需求进行一轮又一轮的审视之后，伴随着当代社会生活压力、思想精神负担的不断加大，面对眼花缭乱甚至是被利益所支配的服装消费市场，人们再一次想要回到那个追求服装本质与“真、善、美”的环境当中。在服装历史的长河中，不论是对于自然生态的“天性”追求，还是逍遥自由的“心性”追求，其中所体现出的自然之美、生命之美、心灵之美、人性之美，无不体现着“无”的美学精髓。因此，当代越来越多的设计师也在不断找寻那个逐渐“丢失”的最“纯真”的服装本质，试图将更加浑然天成、自由心生的设计带给当代消费者，为整个服装行业甚至整个社会找回最本真的状态，而这些思想与需求都有丰厚的历史渊源，体现在了美学文化的“无设计”理念当中，并在当今的服装设计领域不断重生、发酵。

（二）“无设计”理念服装的设计原则

任何设计理念或设计风格要想流行与被认可，都要顺应并结合当下社会需求与审美原则才得以完成并发展，“无设计”理念与服装设计的结合，也是基于当代服装的设计原则与当今服装行业问题现状形成的。从当代审美需求与流行趋势的角度来讲，“无设计”作为秉承深厚东方哲学思想与美学文化的设计理念，不断遵循并融合着当代服装的设计原则与设计态度，使传统与流行相结合进而迸发了更加鲜活的生命力并受到了当代消费者的认可、喜爱。从引领并改变整个服装设计行业现状的角度来讲，“无设计”理念着力在当今时装设计行业中出现的加速化、表象化、缺乏民族特色等问题上做出应对与改变，从而形成了“无设计”理念时装别具一格的设计原则。

1. 天人合一的自然和谐观

中国古代社会长期以来过着以农业为中心的生活，中华人民对于宇宙、自然、万物有着深刻且丰富的理解。从“清明前后，种瓜点豆”到“八月十五云遮月，正月十五雪打灯”，这是劳动人民千百年来对于农业、天气等大自然现象的经验之谈，这也说明了为何中国传统哲学思想当中普遍将对自然世界的体验、人类自性的探索、世间秩序关系的把控作为主要讨论内容。“究天人之际”便成为古代思想家与学者所关注的天与人二者关系的核心问题，因此“天人合一”也成为各家学派典籍中频频出现的重要思想。

在“无设计”理念时装设计当中，设计师更加强调服装中的自然和谐之美，但这种自然与和谐并不意味着服装的普通、平淡。在服装的风格上，与当代服装设计中乐于呈现的吸睛外表有所不同，其外部特征与氛围更加追求与自然共生、温和的形式与境界，做到不偏激、不突出、不违和，整体呈现温润如玉、飘逸浪漫的情调与感受。这种“调和”“折中”的方式似乎让人觉得“没有风格”，而当服装中的“无”与“中和”之观表现得淋漓尽致时，这种看似“没有风格”的风格即成为“无设计”理念时装所特有的风格。

在设计手法上，“无设计”理念不拘泥于服装中特定的某一元素或者某一部分视觉效果的突出表现，而是重在服装款式、结构、色彩、面料、工艺、装饰的表现形式，以及整体各零部件之间的“有”“无”平衡，做到相辅相成、相得益彰，从而追求人、衣、自然之间的相照相生。在此基础上注重材质的本真特性，可持续利用性以及对细节的把控与处理，“无设计”不等于没有设计、没有装饰，而是通过材质的力量、自然的力量在追寻“繁”“简”“有”“无”平衡的过程中体现出设计的精致细腻，从而做到顺天造物、中和适宜。

2. 返璞归真、减而不简的朴素平淡观

在《道德经》中有这样一句话："见素抱朴，少私寡欲"，它在被后世人看作老子的治国方略的同时，也被理解为其极具代表性的服饰美学观。在这里"素"指的是未经过染色呈原色的生丝，同时隐喻品质纯洁、高尚的圣人；"朴"指代没有进行加工的原木，比喻合乎自然法则的社会法律。此句在提倡君主"无为而治"的同时也体现了老子对于着装保持原汁原味、顺应自然法则，强调服装中的"去甚、去泰、去奢"，反对过度装饰、华丽奢靡，而应尽力凸显服装本真魅力的思想。这种对于返璞归真、朴素之美的追求，也是建立在上文"天人合一"崇尚自然和谐基础之上的，试图利用自然界本身的力量，将服装进行修饰、完善、发展。

而这里对于"朴"与"素"的指代，便引申出对于"材"与"技"关系的处理问题，即材质、原料与人工技艺、技术的配比与把控。在"无设计"理念服装设计中对于"材"与"技"的平衡把控，也应当遵循老子所崇尚的"大制不割""有无相生"，并非指原汁原味、野生的、不经人事的材质即可完全作为好的状态被人们利用，也并非是工业化时代充满科技含量、处理完美的机械产品真的能深入人心，而是指在充分保留并发挥材质原有特性同时，恰到好处地加入纯熟的工艺，将原本具有价值的材质做进一步的提升。

另外对于在"无设计"理念服装设计中的"减而不简"的理解，可以等同为老子"淡乎其无味"的理念，即以"淡"为美的思想。在这里"淡"与"味"已经不再是我们生理中所提到的味觉感受，而是建立在心理感受之上的审美感受。在服装设计当中，"淡"与"无味"并非是真正的清淡无味，而是指虽然服装外在表现形式看似平淡，但实际上在设计背后蕴藏的背景、文化、故事却无穷无尽，是"淡而有味""减而不简""简洁不淡"的设计思想。

因此在"无设计"理念服装设计当中，朴素简约成为其常常遵循的一项设计原则，在设计风格上以"简"为主、以"淡"为美，力求还原服装的原汁原味，在保持其朴素简约的同时蕴含着自然的活力与生机、文化精神的深刻与丰厚。在设计手法上，注重体现款式、结构、色彩、面料的本真之美，不苛求技艺的复杂先进、装饰的华丽精湛，而是因材施技，注重材质之美、自然之技、民风之俗，以及在简约的外观下透露出的顺遂美、技艺美、功能美、意蕴美、人性美，使服装呈现耐人寻味的丰厚内容，真正做到“衣无形、意无穷”。

3. 绿色环保、持续共生的健康实用观

近年来，发展低碳经济将逐步成为全球意识形态和国际主流价值观，低碳经济以其独特的优势和巨大的市场，已经成为世界经济发展的热点。因此绿色环保的材质选择、精简节约的原料开发、健康实用的功能设计不仅成为当今整个设计市场乃至服装行业对于“低碳经济”发展的大力呼应，同时也成为“无设计”理念服装设计中始终主张与遵循的精神与原则。

在“无设计”理念服装设计当中，从制衣原材料的选择到面料的设计与开发，再到对于服装整体美观性与实用性的思考，无不体现着绿色、低碳、环保、可持续的思想，这不仅是“无设计”理念对于自然最大的尊重与顺应，同时也是对“以人为本”终极目标的铺垫与引导。

首先，从原材料的选择上来讲，上文中我们一直提到的“自然和谐观”“朴素平淡观”的设计原则，都将基于绿色环保材质的选择与利用得以更好地发挥，不论是棉、麻、丝等天然材质，还是如今利用科技提取并加工产生的各类人造自然纤维，都已成为“无设计”理念服装设计中首选的材料，从自然的源头保证了穿着者舒适健康的体验，并是完成“天人”结合的开始。

其次，在原料生产、面料加工、设计制作等方面尽可能采取低碳环保的手段，在这里不仅要把控好自然与科技、人工与机械之间的合理配比，更加重要的是遵循上文提到的在“有”与“无”、“材”与“技”之间进行适当把控的原则，以此来呼应当今的低碳环保理念，低碳环保不等于不开发、不利用，而是重在如何理解并实现“合理”二字。

最后，在保证服装美观性的同时，“无设计”理念服装设计更加注重服装实用性能与利用率的提高，服装使用寿命的延长与穿着多样性实现的不仅是可持续发展原则，“一衣多穿”等设计手法更加秉承了道家“一即是多”“无中生有”的思想观点，力求使用更少的设计为服装带来更多的穿法、更长的寿命、更少的浪费，尽量实现服装的利用性、实用性、经济性与长久性，从而实现实用美观的穿着需求与低碳环保的社会需求的完美并存。

4. 人本主义、情理相依的自由超脱观

正如当一颗古松摆在设计师与画家面前时二者所获得的不同反应一样，艺术家那种不畏利益金钱直击纯粹内心的情感流露，与设计师带有经验和功利色彩的思考本身，就反映着艺术与设计之中感性与理性存在的差别，设计虽承载着理性的功能与规则进入人们的日常生活，但伴随着物质层面的极大丰富、人类地位的不断提高，设计从重理到重情，再到强调精神情感需求的今天，其以人为本、情理相依的设计思想也在如今的设计领域愈发明晰。

人文精神，即“以人为本”，其核心内容就是肯定人的价值：围绕人的历史与人的活动，把人的精神、形象和身体本身作为关注的中心，尤其是把个人的兴趣、尊严与价值实现作为出发点。在“无设计”理念服装设计当中，这种“人本主义”被设计师以“无我”的状态更加明确地表现在设计作品当中，不论是从实用角度出发的理性与包容，还是情感与意境中想要烘托出的超脱与豁达，“无设计”理念服装设计，更加执着于实现穿着者身心的轻松与自由，而并非是对个人风格特点与喜好的偏执。

从具体的服装风格与服装性能上来讲，“无设计”理念服装设计不强调强烈的风格与特点，重在摆脱个人的意志与思想做自然而然的设计，切勿一味追求设计中的功能性，而应在服装中留出“空间”，便于保留穿着者个人的需求意愿，在实现服装参与感、互动性的同时使其更加符合绿色环保可持续理念，联系上文中所提到的秉承低碳环保理念的“一衣多穿”的设计方式，究其根本也是服务于穿着者的穿着体验、使用情感并引发互动性与参与性的包容设计，作品中流露的更多的是穿着者想要什么，而并非是设计师想要表达什么，正如老子形容自己的学说一般，如同品味食物一样，酸甜苦辣自得于心 。“无设计”理念服装设计也力求开发更多的“空间”，为穿着者营造出更多属于自己的发挥空间，形成满足设计师与穿着者共同意愿的服装作品。

另外，从传统哲学思想的角度来看，不论是道家的“无”还是禅宗的“空”甚至是日本“侘寂”美学中的残破凄凉，实际上都包含着看破世间万事万物、超脱自由、豁达应对的精神状态。在“无设计”理念时装设计当中对于自然的追求，对于“无我”状态的向往，实际上都是通向“返璞归真”之境心理的反映。因此凡是从人心出发，不拘泥于手法、材质、各种外力、自由且自然的设计都是“无设计”理念服装设计想要释放穿着者身心、营造本真心态、远离世俗纷繁的表达方式，与此同时，也能够更好地在艺术的感性与设计的理性中寻找平衡，使设计产品服务人身并滋润人心 。

（三）“无设计”理念服装设计的表现形式

1.“无设计”理念服装造型的表现形式

造型在任何服装中作为最直观体现服装风格与类型的元素，最先被人们关注到，同时其在很大程度上反映了当下服装的流行趋势以及审美导向，其在服装整体中所呈现的意义与价值也表现为以下两点：从服饰文化与社会历史学角度，研究服装外缘的轮廓剪影，体现出不同历史时期的轮廓变化及其对现代服装流行趋势的影响；从人体工程学角度，研究轮廓造型与结构变化的关系，归纳出轮廓变化结构对数据产生的规律及人体着装舒适性。因此服装造型最终决定的便是服装中最重要的两个特性，即美观性与舒适性。

无论是中国传统儒、道、禅文化还是隔海相望的日式美学，在时代的变迁与思想的交融当中，都产生了相似的服饰美学观，即在崇尚克己私欲的思想下，在服装中强调遮盖、修饰的功能，与西方服饰美学中强调的人体美以及“艺术美高于自然美”所不同的是，他们不喜欢表现人体的曲线美，反而是将其进行抽象、概括的隐晦表达，在服装宽松自然的造型下重在突出内在的神韵与气质。

因此从服装美学观的角度来讲，“无设计”理念秉承着东方传统的哲学思想。在服装造型上多采用宽大、修长、多直线的 A 型、H 型、O 型等外部轮廓，在造型处理上多开口宽大，不凸显明显的腰、臀曲线，结合道家与禅宗崇尚“天人合一”自然浪漫感的服饰美学，在造型设计上整体松弛飘逸、随风摇曳的自由感也成为“无设计”理念时装造型表达当中的重要特征。在这种质朴随和的服装造型中，更多想要表达的即是服装的内涵以及穿着者本身贤善宽容、含蓄内敛的气韵风度，在空灵、寂静的状态下衬托出穿着者“无我”的境界。

从人体工学的角度来看，宽大直身造型在物理范畴下更加舒适得体，这种不束缚、不加害身体的造型，更是对自然规律以及人性的顺应，是平衡人、衣、自然关系，彰显“无设计”理念时装个性的途径之一。

2.“无设计”理念服装结构的表现形式

服装款式主要由服装造型与服装结构组成，服装结构作为调和、衔接服装外部轮廓以及服装各零部件的媒介，其意义也在于将服装的功能性与审美性进行了完美结合，使服装呈现出结构合理、形态美观的特点，达到了实现穿着功能并美化人体的效果。

“无设计”理念时装设计精髓虽基本继承了传统服饰美学的观点，但其同时也承载着时尚所必备的特征，将传统的、经典的以创新、个性的形式进行新的表达是“无设计”理念时装所肩负的责任。在“无设计”理念服装当中，出于对人体舒适性的考虑，常常删减了不必要的结构线，在增加服装宽松程度的同时，更加衬托出其简朴自然的气质。

除了对于服装结构线的简化之外，“无设计”理念服装打破了传统服装结构线变化甚少的特点，常采用非常规结构线的设计，这种非常规结构线并非患严苛根据身体曲线进行设计的，而是在合乎人体曲线的基础上，更加自由、随心所欲，总体呈现出的服装风格与服装造型巧妙多端、个性独特。虽非常规结构线常常患作为服装的特殊装饰线存在的，但在“无设计”理念时装当中，更多的是根据其巧妙变幻的特点，给服装设计出多种造型与样式，在颇具时尚韵味的同时，独具匠心的结构设计更将含蓄、随性的传统美学以新的形式活灵活现地展现了出来。例如，三宅一生作为将非常规结构线使用到极致的时装设计师，其服装在呈现丰富多彩、绝妙变幻的同时，更承载着“无设计”理念中所蕴含的天性、人性与随性。

3.“无设计”理念服装色彩的表现形式

色彩作为首先直击心灵的服装要素，在给人留下深刻视觉印象的同时更多的是其他感官共同作用的结果。提到颜色的诞生与问世不得不谈及八世纪时的一本日本著作《万叶集》，其中对于颜色的描述，在当时对于颜色的基本形容词汇只有四个：红、黑、白、蓝。这四种颜色是指：光明与能量、无亮光、耀眼、朦胧的印象。在当时对于颜色的界定都是用形容词实现的，可见颜色本身带来的是高于视觉感受之上的、更加深层次的心灵感受，正如我们看到蓝色会想到天空，看到绿色会想到草原、看到橘色会想到香甜的橙子，颜色的属性注定是与感官绑定在一起的，颜色名称的作用就像细针上的一根线，能将我们最细微的感情缝在一起。当这根针触到其目标，我们便会感到快乐或者入神，这便是颜色的魅力。

在“无设计”理念服装当中在色彩的选择与表达上通常选用无色系、素色系、自然色系，其在呼应了师法自然、质朴顺遂的天然感外，更多的是通过低明度 、低纯度的色彩使用强调“无设计”理念服装中克己私欲、深沉内敛的气质，同时神秘隐晦的无色系中蕴藏着更多的空间与可能性，等待穿着者自行进行想象与开发。

同时，在“无设计”理念服装设计当中，强调更多的是色彩所承载的感情与心理，以及所处环境的呼应与共鸣，真正好的服装不是独立的，而是环境、情感与服装共同作用的整体。正如谷崎润一郎在《阴翳礼赞》中对于羊羹的描述：“羊羹是在黑暗的地方吃的点心。在房屋内光线昏暗的地方吃羊羹，所以羊羹也是黑的，和阴影融为一体。当这种形态模糊的块状物含在嘴里，你会收到一种无比细腻的甜味。”色彩、情感、环境的高度融合，更能够将穿着者引领向服装本身想要营造出的氛围与境界当中，从而提升服装所独有的艺术价值。因此，相对于更具“功能性”的彩色使用，这种更具想象与体验空间的无彩质朴色系使“无设计”理念时装更加有利于与自然的环境、超脱的氛围进行融合，并将返璞归真的精神境界更好地传达给穿着者。

4.“无设计”理念服装面料的表现形式

服装设计与材料的关系是相互依赖的，它们是一个不可分割的整体。一件成功的作品应该是设计与材料最完美的结合，其辅助到服装设计的不仅仅是观赏时的视觉感、接触时的质感，而且是使其形成服装风格、承载心灵情感、进行升级创新的重要物质支撑。

“无设计”理念作为十分重视并还原产品本身样貌的设计理念，在服装设计中对于面料的选择也更加倾向于使用天然、环保、可降解、可循环利用的材质，将人们的穿着体验感、舒适度放在第一位，同时更加重要的是呈现原料的“天然美”、大自然的“本质美”、低碳环保概念下的“绿色美”。服装作为贴近人们生活、身体、心灵的实用设计，面料对皮肤产生的触感是最为直接的情感体验，人体感受的舒适程度直接决定着使用者的心情与感受。

在“无设计”理念服装设计中，从自然界就可获取具有良好穿着感的棉、麻、丝织品，并将其作为首选面料。在响应低碳环保理念下的“无设计”服装中同样也会选择别出心裁、具有特殊性能的各类自然纤维面料、RPET 面料、纸类面料等人造绿色材质，在做到面料来源于自然又回归于自然的同时，此类面料相比传统天然材质面料具有更独特的功能性，可以供设计师完成更加出色的设计作品。

从设计手法上来看，“无设计”理念服装当中对于面料的设计及处理要求基本秉承用而不伤、重材轻技的原则，从具体的面料表现特征来看，则是利用天然的材质、精简的技艺呈现更加朴实自然、宛若天成的肌理与风格，不强调形式的华丽突出、技法施展的恰到好处从而保留材质的原汁原味，其中传统印染与织造技艺的传承与延续，也成为“无设计”理念服装设计中面料表达的重点之一。

崇尚素简、自然美学的服装设计师李玲洁，曾以纸为主要材质进行了《纸语》系列服装的制作，探索了其在染色、手织、肌理、编织等方面的设计可能性，从传统扎染、面料复合、民间剪花等工艺探索中，挖掘为纸自身的语言，使之回归为纯粹、简素的美学状态，每一种技艺的表达都不是空穴来风、表现主义，而是充分借助纸本身的材质特性进行了发挥。这种对于“材”与“技”的正确把握，才是“无设计”理念服装设计中对于面料处理的最佳方式。

5.“无设计”理念服装工艺的表现形式

服装工艺美同属于服装美的范畴由于工艺的特殊性决定了设计与制作本身就是相关联的。工艺制作实际上也是设计的延续、发展和完善，在服装设计中服装工艺已经不仅仅是辅助设计师完成作品的必备的程序与技能，而且是给予设计师设计灵感，从而更好地创作完善设计作品的环节。

“无设计”作为基于传统哲学文化出现并重情重理的设计理念，在服装工艺的表达当中更加强调因材施技、因人施艺，重在发挥材质本身的特性，不使工艺超越材质，而是辅助材质，不使服装压过人本身，而是重在方便舒适并衬托穿着者的气质；同时，讲究对传统工艺的研究、古朴之美的传承。从原始山顶洞人制作骨针手工缝衣到中国古代劳动人民的古法织布，这些自然的、人性的、沉淀的方式在如今的机械化生产当中越来越模糊，而“无设计”理念正是将这些逐渐被人们遗弃的手工艺视为无价之宝，用心呈现这些质朴而又实用的美，将这些看似“无用”的、不够华丽的但足以温暖人心、沉淀历史的技艺与时装设计相融合，使穿着者在感受文化价值的同时更有情感的慰藉与动容。

无用品牌作为诠释“无设计”理念的设计先驱，在他们的工艺制作当中，无一不是经过手工完成的，从面料的织造、色彩的印染到服装的缝制，再到最终的精细装饰，都是手工艺人花费几个月，甚至几年的时间完成的。正如马可所说，“无用所创造的不是华丽而是感动，自然的赋予、人工的力量才是最深入人心的。”

6.“无设计”理念服装装饰的表现形式

从认知角度看，服装装饰是人类在社会实践中改变事物原貌，使其不断增益、美化的行为方式和造物方式；从文化角度讲，是人们对现实生活感性认知最生动的文化提炼与表现，强调艺术性。在“无设计”理念服装设计当中，虽讲求简单朴素的外观，但并未否定装饰为服装所带来的美感与意义，“不为纯粹装饰美而设计”才是“无设计”理念服装设计对于装饰美的真正态度，并且在对于装饰元素、装饰手法、装饰工艺的选择上，“无设计”理念时装设计也有着有别于其他服装设计的独到之处。从装饰元素的角度上来讲，不论是图案题材的选择还是配饰品、材料种类的确定，“无设计”理念作为追求自然洒脱、返璞归真意境的时装设计，自然元素、传统元素、民族元素以及具有深刻寓意和内涵的元素皆成为其首选内容。在图案表达中，动植物与自然事物等不仅可以唤起人们对于大自然本真以及美好愿望的向往，与此同时，独具民族特色的质料与配饰，同样也承载着深厚的情感与归属感。

从装饰手法的角度上来讲，“无设计”理念服装设计遵循“古朴精致、灵动和谐”的设计原则，反对过分夸张、吸睛装饰内容的出现，可以结合精湛的传统手工艺进行具象、精致、小面积的装饰点缀，同时也可以通过抽象变形进行更具现代感的艺术处理，但强调切勿使装饰内容过分突出进而导致喧宾夺主。在岁装饰面积的把控、繁简的处理、色彩的明暗上力求和谐稳重，使其“隐匿”在服装中，起到锦上添花的作用。例如，在 BANXIAOXUE 的设计当中对大面积的装饰图案设计师同样可以处理得柔美灵动、深沉内敛，这便是他不断用现代美学手法给予民族元素以新的诠释，在当代与古老岁月中交汇融合的最终成果。

从装饰工艺的角度上来讲，不论是服装制作工艺还是装饰工艺，其中承载的地域特色、民族文化、风土人情，成为“无设计”理念服装设计中极为重视并多加利用的一点，正如上文所提到的在“无设计”理念服装设计中不会为了纯粹的装饰美而装饰，更加注重的是装饰背后蕴藏的历史与文化。那些古老的、传统的、民族的装饰技法如刺绣、拼布、编绳等以及逐渐失传的手工艺都成为“无设计”理念服装设计不断补救与继承的文化载体，在为服装带来独具特色的古朴与美感的同时，也是对于民族情愫、时代烙印与历史文化的积极保留。

二、“无设计”理念对当代服装设计的创新思考与应用

（一）“无设计”理念服装设计创新思考

1. 大象无形、简洁淡雅的“新极简主义”

“极简主义”的出现不仅是对现象杂乱的时装界的一种洗礼，同时也是一次在真正意义上基于当代人情感、心灵需求的表达与诠释。它的表现方式独特，体现在试图呈现物体最本质的特点，或直接体现物品最初的形态上，以此来尽量达到消除作品主观意识的目的。“极简主义”的出现将设计行业带领到一个新的时代并成就了一大批设计师，尤其是在时装设计当中以 Jil Sander、Armani、Calvin Klein 为代表的设计，被越来越多的品牌与设计师作为“极简主义”服装的标榜进行学习。

“极简主义”服装最早来源于西方服装领域，其表现出的理性、简约、干练也成为后来人们对于“极简主义”服装印象最为深刻的特点。虽然其出现的原本目的是呈现事物最本质的特点，但在后来的发展与演变当中，似乎留给人们与市场的更多的是简洁的外在表现方式，追求内涵与本质的初衷却被慢慢淡化了。但随着东方美学思想逐渐被国际认可和其在服装领域的影响力不断增大，以中国传统哲学文化为契机，崇尚更加重视内在精神表达且自然流露简朴、洒脱气质的“新极简主义”风格出现并融入“无设计”理念服装设计。

例如，在马可的无用出品中，与其说是想要向消费者传达清净简朴的服装风格，不如说是在用更加传统的东方哲学文化营造别具特色与温暖人心的生活氛围。马可之所以建立无用生活馆，也是希望真正喜爱无

用服装的人，理解无用背后想要传达的情感与文化，因此不论是儿童服装还是成人服装，简约的外表只是基于纯粹内在精神的自然流露，其中蕴含的中华民族简朴务实的传统美德，在服装的各个角落都有体现。另外，使笔者印象深刻的是，马可对于“简约”的理解与定义十分特别，在无用家园浴室所挂的一套睡衣分别被命名为“不足”和“有余”，朴素实用的本色棉麻面料结合舒适简约的设计，将整套服装呈现出“比上不足，比下有余”的生活仪式感，这不禁使人与儒家的“中庸”之道思想相联系，马可希望居家服不必过于注重形式感，应主要突出舒适与归属感，而在此基础上同样需要有认真对待生活的方式。在这里，朴素并不意味着穷困潦倒，简约也并不意味着简单，而是指在朴素表象下的丰富内涵，在自然健康的前提下凸显生活的韵味与情趣，这也是无用一直以来对于设计与生活的态度。

因此，这也为很多人解释了“无设计”理念本身与西方“极简主义”的不同，在未来“无设计”理念服装设计当中，在“简约”的处理上也应注重呈现出更具哲学深度、不流于表象且耐人寻味、引人思考的创新表达。首先，要试图摆脱多数人眼中仅仅体现外在简约形式感的“极简主义”表达方式，更加强调设计中内在精神的充盈，将其与外在形式的简朴相结合，注重设计精神与本质、人心需求、产品亲切度的实现。其次，在设计理念上更加注重对设计当中“有”与“无”辩证关系的表达，“无设计”理念服装设计并不意味着越简约越好，重在如何权衡“有”“无之间的良好关系同时突出“无”本身带来的意义。

与此同时，在未来“无设计”理念服装设计的创新当中，设计师们更应明确的一点是，“无”并不是设计的终点，而在此基础上注重实现“无”中蕴含的“有”，才是“无设计”理念时装设计应该提升并努力的方向，这种对简约外表下丰富内涵的蕴藏与开发，不仅是对于“极简主义”本质的找回且是内敛且深刻的东方哲学文化的新生命的开始，而且是“无设计”理念满足当今消费者、服装市场，并提文化新生命的开始，并提示了未来设计市场实现新方向、新需求的途径与方式。

2. 实而不华，以人为本的“新功能主义”

功能性作为服装最基础也是最必备的要素之一，始终贯穿于各个时代的服装发展过程，然而当今时装领域面对功能性的变迁与发展，也逐渐出现了两个重要的问题，一是随着社会的不断发展与物质层面的愈发丰富，时装经历着从实用性到美感的偏移甚至失衡；二是伴随着机械化大生产的普及，服装在功能性上的设计实践，逐渐失去了其原有的人性化与亲切感。

在服装历史上不乏应将服装功能性放在首位的反思，同时也不乏那些错误并引人深思的尝试。墨子曾曰："衣必常暖，然后求丽"，功能美是形式美的前提和基础，形式美是功能美的提升。服装设计作为更加注重美感的设计种类，也应在基于实用性的基础上尽可能去实现创意与个性，在此基础上追求更加深入人心、以人为本的设计。面对如今在实用与美感、机械与人性之间逐渐失衡的服装行业，越来越多的设计师也开始思考如何在实用性与时尚性、利益化与人性化之间找寻平衡，在更加注重穿着者体验、设计人性化的"无设计"理念时装当中，同样在找寻属于这个时代的"新功能主义"服装。

首先，实用性与时尚性之间的把控与权衡，成为"无设计"理念时装设计中诠释"新功能主 义"的重要论题，对于时尚与创新本身的理解，也启示着设计师如何重新将服装的功能性与美观性最大限度地结合在一起。时装并不代表华丽吸睛，其中所包含的创意与灵感，实际上更多的是超越自我与创造未来的行为之一，创新也更多地来自内涵与文化。例如，将"不跟风的，游离于大众之外，却又在不断创造着新的潮流"作为自己的时尚表达观点，以创造出简洁含蓄、舒适实用、兼具文化艺术特质以及品味的服装作为终极目标。其常将自然材质与实用主义和大胆创新、勇敢自由、率性不羁的精神内核相结合，时尚未必是追赶潮流，这种对于自己的超越，也是一种对新生自我的追赶，因此未来"无设计"理念服装设计也应认识到，在对时尚表现程度进行合理把控后结合适当实用性的设计才是当今"新功能主义"需要表现出的最佳状态。

其次，以情感化、人性化的功能性设计代替机械化大生产所带来的冰冷感、生硬感的常规设计，也成为"无设计"理念服装设计中实现当今功能性新要求的主要方式之一。日本一设计师通过在看似平淡无奇的弹力针织裙上进行开口设计，完成了可以根据孕妇肚子大小而不断变化的服装，这一设计不仅利用了"空"与"无"为服装带来更多的使用空间并延长了使用寿命，与此同时，随着孕妇怀孕周数的不断变化，服装的颜色与穿着效果也会随之改变，在实现服装功能性最大化的同时，为穿着者带来了心灵上的亲切感和愉悦感。另外，“一衣多穿”“一衣多用”的设计手法，同样适于融入“无设计”理念服装设计，在充分调动穿着者参与感与互动性的同时，也是构建设计师与消费者良好关系的途径之一。

最后，设计的本质是为人服务，要满足人的需求，使人身心获得健康发展。因此，未来“无设计”理念也应站在这样的角度上，重新审视服装设计中功能性的所属地位、表现形式与消费者需求。对于“功能主义”的创新与实现，一方面，尽可能利用“无”为服装创造更多“有”与“便利”的价值，做到一切必将从人出发，必将从实用性出发，在此基础之上，时尚、美观、自由、情感才是附加的价值。另一方面，对于时尚与实用的平衡把控、穿着者与服装本身、消费者与设计师的交流沟通，是未来“无设计”理念服装设计乃至整个服装行业需要努力的方向，冰冷的工业产物与浮夸的时尚机器已经是过去式，合理地将时尚与实用、技术与心灵进行调和才是正确的发展方向。

3. 道法自然，顺天造物的“新自然主义”

“自然主义”风格即是将自然学科和美学艺术相结合衍生出来的一种新的艺术风格，表现为对自然的崇拜、对自然的效仿，以及对回归自然的渴望。与极简主义相同的是，“自然主义”本身来自西方，其在设计思想与表达方式上，更加擅长营造浪漫美好的自然美感，在服装造型、图案、装饰上也更加倾向于对具体的自然事物的模仿与运用，但在其发展与繁衍的过程中，也吸取了非常多的表达方式与丰富的东方文化，尤其是在秉承道家与禅宗天人合一自然观理念的基础上，“自然主义”服装设计经历着从“形”到“神”的变化过程，并将这种思想融入“无设计”理念服装设计，在还原自然本真感的设计理念、表达方式上也做着众多新鲜的尝试，由此呈现了更加成熟而抽象、具有不同生命力与表现力的设计作品。

从设计理念、精神文化上来看，设计师们开始摒弃具体的动植物形态，转而尝试将“自然”的特征与灵魂通过抽象的方式融入服装设计的理念与思想。服装设计师 Peng Tai 借助“自然的力量”，重新定义了服装的“有机美学”，他所理解的“自然”与“人”的关系，是人与自然相互哺育、共同成长，而服装与人的关系也是同样，衣服也会随着时间的洗刷而改变色泽，随穿衣者的习惯而产生独一无二的褶皱，从穿衣者的情绪和精力衍生出自身的个性，即是“自然即衣、衣即自然”。

从表达方式的多样性上来看，自然造型的效仿、图案的绘制归根结底是经过人为艺术处理的设计产物，荷兰服装设计师 Sonja Baumel 将细菌作为设计灵感与媒介，使自然“本身”与人体进行了真正的交流。她将细菌直接在自己的身体上进行培育，通过不断研究与专家的协助，她将细菌最真实的形态与颜色保留下来形成了天然的服装，他们有着特殊的肌理与触感。这可以被称为“自然而然”“天人合一”“由细菌自我繁殖而成”的服装设计在最大程度上体现了自然的力量，恰如其分的人工辅助才能使自然发挥更大的魅力，同时这种真正的由“自然”完成的设计，才是最能够使穿着者充分感受天然、自由并实现返璞归真的成功作品。

因此，在未来“无设计”理念服装设计中，在对“自然主义”表现的创新思考中，不只是要通过更多的方式手法实现“自然”的表现形式从写“形”到写“神”的一个巨大转变与尝试，与之前更加热衷于表现自然个体的观念有所不同的是，要更加注重强调自然与人的连接关系，“自然”并非独立，“自然”会因为人的加工与修饰变得更加完美，而人也会因为“自然”本身的魅力与熏陶变得更加舒适怡然。就像禅宗自然观的美学品格是追求人与自然的和谐统一，自然的心相化将自然本身变为一种心灵化、虚拟化的精神境界，即意境，不论是在加深设计理念的解读上还是转变、开发更加多样的设计手法上，都要从心理、生理上更加强调自然、服装、穿着者三者的结合。

另外，适当融入科学技术会使“自然”本身呈现出更加鲜活的状态，服装进而也会变得更加亲切、感性，使一切舒适的、源于自然的、顺天而造、凸显天性的设计变得更加深入人心。

4. 真挚无我、衣由心生的“新情感主义”

当产品的安全性和舒适性得到满足时，重点可以转移到装饰、情感和象征的设计属性上，“情感化设计”的理念最早是由美国著名认知心理学家唐纳德 · A. 诺曼提出的，诺曼认为，“情感化”在产品设计中有巨大的功能功用，产品具有的真正价值是为了满足情感需要，使用户产生共鸣，从而获得精神上的愉悦。实际上情感化设计早已经使用在了服装设计当中，尤其是在更加能够体现设计师思想与风格的时装设计当中，情感的注入会使服装更加特立独行，且更容易被人们记住。其中来源于设计师个人情感、生活经历、思维方式等设计灵感，成为设计师塑造鲜明的个人特点，并产生情感共鸣的最主要方式之一。例如，时尚界鬼才 John Galliano 在他很多的设计作品中，都透露出对于女性的保护欲，通过服装为她们打破束缚，释放内心。

与鲜明独特的设计师个人情感表达有所不同的是，在“无设计”理念服装设计当中，“无我”作为道家处世思想的最高境界，在具体的服装设计中同样映射着其想要为穿着者营造的服装氛围，同时也指代着“无设计”理念服装设计师对于自我的定位。因此在“无设计”理念服装设计当中，情感性的创新表达更应抛开“自我”站在“无我”的境地进行抒发。

其一，设计师从人性化的角度思考穿着者的身心需求，而并非拘泥于个人特色与风格的设计方式。其二，可以表现为情感表达范围的扩大化，将那些有关于社会事件、文化特征、时代记忆、地域风情等的情感化设计加入其中，不仅可以加深个体对于不同情感类型的共鸣感与亲切感，同时更是满足了群体在当下社会中存在的需求，且是对未来穿着变化的一种启示性的思考与引导。其三，设计师本身需要站在自由、超脱的境界之上进行创作，穿着者才可以融入神往的返璞归真的服装状态，而这对于设计师本身的思想深度、文化情操也有着非常高的要求。正如这个世界人们都在努力追求名利金钱，马可却达到了“奢侈的清贫”的境界。她说：“清贫不是一般意义上的贫穷，而是通过自己的思想和意志的积极作用，所最终创立的简单朴实的生活形态，是对物质世界的一种主动叛离和节制物欲、追求富足精神世界的行为，它包含着最低限度的对物质的占有。”这种追求人格的独立与人性的发展，是需要内心变得沉静与强大后才能达到的境界，这种看似清贫朴素的服装风格虽并不被所有人接受并喜爱，但其中所包含的哲学内涵却是所有人都迷恋并敬佩的。

在未来“无设计”理念服装设计当中设计师、穿着者、服装、环境要更加强调它们之间的连带关系，而这其中的纽带便是情感化内容的注入。不论是设计师进行换位思考致力于实现以人为本的亲切使用感与体验感，还是站在大的社会环境、时代背景下引起穿着者的情感共鸣，以及置身于超脱境界为穿着者营造自由感受的灵魂设计，“无我”的思想都将成为未来“无设计”理念服装设计作品更加需要进行创新与尝试、深化与提升的内容之一。同时这也在提醒着当今的服装设计师们，天赋特色与方法技巧虽是好的设计作品中不可或缺的一部分，但对于未来的“无设计”理念服装设计师，甚至是致力于更深文化层次设计理念研究的设计师来讲，个人文化知识、思想情操与艺术修养的提升，已然成了更高的要求与标准，耐人寻味的设计必将来源于更具有深度与智慧的设计师本人。

（二）“无设计”理念服装设计创新应用

1. 当代服装设计中风格与灵感的创新

服装设计同其他艺术门类一样，设计风格与设计理念都是引领作品方向、展示产品特色的准则与根源，而“设计理念”与“设计风格”之间却存在着非常大的差别。

首先，设计理念是设计思维的根本所在，也是时代的产物，同时又是设计师个人思考的结果，与设计师个人的价值取向、设计经历和艺术涵养有很大关系，在设计作品中设计理念代表的更多的是深刻的时代烙印、独特的文化思想，以及个人的艺术修养。而设计风格是指创作者在创作中所表现出来的艺术特色和创作个性，是指在设计理念的驱使下，设计作品所表现出来的艺术趣味。归根结底，设计理念与设计风格分别是产品的内在与外在，因此两者不可混为一谈，尤其是不能用一种设计风格去界定某一种设计理念，同一设计理念可以根据设计师不同的个性与爱好将产品呈现出不同的设计风格。

纵观当今包含“无设计”理念的服装品牌或是设计作品，不论是马可的清贫脱俗的“无用之用”，还是三宅一生对于服装“没有固定的形式，每个人都能穿成他想要的样子”的自由灵活，以及班晓雪自然浪漫的“做自然的衣，做自然的人”，他们的服装以不同的风格、不同的形式、不同的概念出现着，但其中始终不变的即是“无”的灵魂与理念。

因此在笔者的理解中，“无设计”理念服装设计本身就没有特定的风格可言，而正是这种“没有风格”才是“无设计”理念服装设计的真正风格。这种“没有风格”即不限制表现手法、个性特点，对于“无”的表现可以是外在的“无”、可以是精神上的“无”、可以是使用方式上的“无”……它更加重视设计之初的理念倾向与内在表达，因此对于“无设计”理念时装设计来讲，品牌的内涵灵魂以及产品的语言表达有着十分丰富且宽阔的创新空间。

例如，在不同文化层面的表现上，“无设计”理念虽主要来源于东方传统哲学文化，在众多“无设计”理念服装设计当中也都有着较为浓郁的东方艺术气息，但这并不代表着“无设计”理念服装设计只可以用东方的理念与设计手法进行表达，其可以是中西合璧的，结合当下流行趋势的，设计师甚至可以从不同地域、不同的文化当中挖掘更多有关于“无”的理念，将“无设计”理念不断壮大丰富，创造并诠释出独具特色的“无设计”理念服装设计。

同样在如今已经形成的“无设计”理念服装设计中，它给予人们的印象大多是古朴的、沉静的、内敛的，但“无设计”理念作为一个尚未完全成熟且不断发展的概念，其同样可以根据不同的文化背景、灵感来源呈现出现代的震撼的视觉效果与精神力量。“无”作为一种哲学概念，“没有”只是它最初级的含义，其引申出来的“无形”“无用”“无界”“无限”“无所依”“无我”……甚至更多的理解还等待着设计师们去补充，正如“无”本身就代表着不穷不竭，“无设计”理念服装设计唯一的基准，便是用自然流淌的方式为“无”描绘出无数种表现方式。因此“无设计”理念服装设计之初的灵感与源泉同样可以是多种多样不受限制的，它可以是像服装设计大师们那样从对于服装本身的态度出发得到的；它也可以来源于一种思想、一种哲学理念，将这种理念根植于服装当中；它同样可以是一种情感甚至是一段故事，讲述一群人甚至是一代人的社会、生活经历过程；它最终也可以是一种情愫、一种感受……而只要它的源点与终点以“无”为准，以这种豁达、超脱甚至是释然的状态存在的时候，这个设计便可以被归纳为“无设计”理念。

因此在“无设计”理念服装设计中，“无”代表的不仅仅是服装外在表现出的“减”和“简”，不仅是世界观、人生观、物质观甚至美学观上的“有无相生”，而且是它给予人更多的广阔“无界”的空间，从不界定任何一种风格与形式，因为“无”可以有“无数”种表达方式。

2. 当代服装设计中款式表达的创新

“无设计”理念服装设计虽来源于东方哲学文化，但并不意味着在服装各个部分的表现形式中一定要遵循东方的设计风格与设计手法，尤其是在“民族的”想要走向“世界的”的时候，就更要学会在众多文化与形式中做到兼容并蓄并突出本民族的特色。当宽松、肥大、飘逸的衫、袍、褂之类极具东方特色的款式造型成为人们印象中“无设计”理念服装设计固定的形式时，设计师们同样可以尝试在当下的服装流行趋势与不同的风格特色中，找寻恰当并合适的灵感进行设计结合。例如，将“无设计”理念服装设计，与当今以西方为主导的流行趋势中的款式造型进行结合，这不仅丰富了“无设计”理念服装设计在实际表现中的多样性，同时也更加贴近当今时尚潮流，可以获得更多不同消费者人群的注意与青睐。与此同时，在款式设计上同样可以结合当下流行的设计风格，如融合中性风，在外部造型上不突出性别特征，而是重在将率性洒脱、自然合拍的感觉融入时装设计，这样的尝试不仅契合了崇尚自由自在、阴阳调和的“无设计”理念，而且为不同性别的消费人群带来了更多消费选择。

然而不论“无设计”理念服装设计在外观款式等各种表现方式上进行怎样的尝试、怎样的融合，都要关注如何将“无”的理念孕育其中的问题，外在审美上的创新与优化都是基于“无设计”理念思想基础上进行的更高层次的满足与完善，设计师在设计过程中也要始终注意，切勿将过多注意力放在服装形式感的体现上，这样只会有悖于“无设计”理念服装设计“以纯粹外观衬托丰富精神思想”的设计初衷。

3. 当代时装设计中结构设计的创新

“无设计”理念服装设计相比其他类型服装而言是站在艺术性、审美性的角度上的，它更加重视人的体感自由与情感自由，因此对于结构的设计与创新也更加兼顾时尚感与功能性的实现，人性化、多样化的穿着方式在无形中让穿着者感受到关爱的同时，也尊重了他们的个性与选择。除了上文我们所提到过得非常规结构线设计、无结构设计，其他设计方式也应不断突破先前的仅在“衣”与“衣”之间的转换，“衣”与各类用品之间的转换同样可以成为“无设计”理念服装设计结构的创新范畴，与此同时，穿着者参与感的提高也成为其需要不断完善与发展的创新点之一。

首先，从之前所提到的非常规结构线说起，除去其独特的艺术性、特色性、舒适性之外，常与非常规结构线设计挂钩出现的“一衣多穿”设计也可再一次创新并大化为“一衣多用”设计，此类功能性设计也可不再局限于衣物不同穿着方式之间的变化，还可以是衣物与其他用品之间的转换。

候塞因・卡拉扬（Hussein Chalayan）曾在展示当中，将桌子和椅子都变为服装以便在战乱当中方便搬迁，这组设计虽然对于大多数人来讲不够实用日常，但此概念足以给我们一些启发。因此对于未来 的“无设计”理念服装设计，除了对同一件服装进行穿着方式和风格的变换之外同样可以尝试将服装变为背包、围巾、帽子等配饰，甚至枕头、棉被等生活用品，使其在不同的状况下满足人们的不时之需。

其次，便是具备更多使用优势与体验空间的无结构设计，在我们的印象当中，无结构设计大多是古罗马古埃及时期的包缠式服装，以及后来三宅一生极具代表性的“一片布”设计，这样的服装虽然合体性不高，但适用人群广、制作简单并且可利用性更加高，同时符合当今流行趋势中再次“回潮”的宽衣文化，如果再将其结合当今不断成熟的科学技术与特殊工艺，相信未来无结构服装设计还有着更多人们意想不到的发挥空间与创新价值。

另外，无结构设计同样可以尝试进行“元素化”的处理，将“元素”进行组合形成类似拼图的拼接方式，这样的服装不仅不存在结构，而且变化灵活可以根据穿着者不同的体态、动作呈现出不同的效果。如再将其深化做成可拆解、再组合的性质，那么服装不仅可以呈现出不同的款式，而且可满足生长过程中的体积变化。其更加适合当代人生活习性的一点是，不论是无结构整块面料的设计，还是“元素化”的打散设计，都解决了当今人们在衣物整理与储存中的困难，这样的设计不仅不占用空间而且不限制储存状态。除此之外，无结构服装设计通过简单且易操作的功能性设置，在最大程度上实现了穿着者与服装之间的互动，无结构代表着穿着者有更多的空间发挥自己的想象力，将服装创造出独一无二的穿着方式，通过披、挂、抽褶、堆叠、拆解、拼接等各种方式进行创作，完美地诠释了“无设计”理念服装设计中弱化设计与设计师本身、突出使用者体验的人本主义精神。

4. 当代服装设计中色彩与面料的创新

“无设计”理念服装在色彩上以无彩色、低明度、低纯度、低饱和度为主要选择对象以体现服装中真挚纯粹的自然感。但与此同时伴随着流行趋势的不断变化，以及不同人群的审美需求，笔者认为“无设计”理念服装设计在色彩的选择上，可以打破以往平淡无奇的表现方式，可以尝试加入朴素、温和的有彩色系，重视色彩之间的搭配，使其在保持主要的“静”与“朴”的特征下，加入一些生动的元素，以满足更多消费者的需求。与此同时，将不同染色方式以及探寻不同染料在氧化、穿着过程中的自然变化作为色彩设计的创新观点来满足穿着者新鲜独特的审美需求，更加可以维系人与衣之间不可断裂的纽带。

在服装色彩的选择当中，“无设计”理念习惯大面积使用无色系、本色系、灰色系，这种用色讲究不仅在道家当中出现，而且在佛教中的用意也是“告诉修行者远离红尘，进而安定修行者的心智”。与此同时，也能在这样的色彩当中传达出一种自然、平和、安定的状态。但在现代人的审美取向当中，“平静”的无彩色系虽逐渐受到追捧，但不论是从视觉搭配的角度还是心灵感受的层面，有彩色系的点缀更能够提升整个服装的灵动之美与人性的鲜活感。因此在“无设计”理念服装设计当中，设计师可以尝试在本色、灰色、黑色、白色、褐色等素雅色系的基础上，小面积地加入饱和度、明度、纯度都适中的有彩色系，在笔者看来自然的表达方式不仅是那些不经渲染的，“万绿丛中一点红”反而更能够突出自然带来的生命感，而且在穿着者与欣赏者的眼中，适当的色彩感更能够体现人本质的真实与鲜活。

在染色方式的处理上，除了目前我们所熟知的扎染、蜡染可以应用在其中，当下较为流行且更加具有天然感的草木染、完整植物形态进行的具有肌理纹样的染色方式，以及不常见的利用自然变化、状态转化形成流水花纹的冰染等都可以成为“无设计”理念服装色彩的创新方式，包括染色之后不同天然染料在与空气接触、氧化和与人体摩擦的过程中可能产生的化学与物理变化都可成为色彩研究的另类手段，以体现人、衣、自然共同作用的成果。色彩依附的一定是服装的面料与材质，在“无设计”理念服装设计当中，最常见的天然感材质如棉、麻、丝等，以及后来伴随绿色环保、可持续发展理念不断衍生的各类天然纤维，可降解纸类等直到如今也颇受关注并常被使用。除了这些原料与材质之外，想必在自然界还有很多等待我们去挖掘、开发的材质，以及那些需要依赖现代与未来科学技术实现不同性能与功效的新型面料。

5. 当代服装设计中装饰与配饰的创新

在“无设计”理念服装设计当中，装饰和配饰虽不作为必要的部分出现，但其美感会更加提升服装的审美性与精致感，同时传统手工艺的融入也会调动穿着者内心的各类情感，它们可能承载着时代的记忆、文化的烙印甚至是地域的特色，以激发人们心中的温馨感、安全感、优越感甚至归属感。但当其想要以更加亲切、柔和的方式被当今消费者所接受、理解并欣赏时，也就意味着其要以更加符合当代人审美方式与时代特色的表现手法进行创新与改进。

从单纯的装饰性创新上来讲，“无设计”理念服装设计中可以借助传统的装饰质料，以及手工艺表达更加现代感的图案纹样。例如，将近年来一直流行的摒弃了传统纹样中繁复的表现形式的自然元素图案进行更加现代简约的处理，通过经典的刺绣、编织等装饰工艺以及独具特色的装饰质料进行呈现，在保留了手工艺、材质带来的古朴韵味的同时，使整个装饰更具现代感；同时也可将别具地域特色的装饰内容与图案结合现代感的表现手法、表现材质进行呈现，目的都是将传统的质朴转化为现代人更容易接受并欣赏的装饰形式。

从装饰可带来的附加意义上来讲，除了单纯的美感之外，装饰元素的巧妙处理同样可以使服装发挥出“无中生有”的效果，如在服装不同部位进行扣、带类稍带功能性的装饰，在满足服装基本的实用性、提升美观性的同时，扣、带类的调节设计同样可以为服装的穿着者带来多样性的体验。另外，在“无设计”理念的配饰设计当中，除了我们上文所提到的服装与配饰之间的可转化性设计，合理利用服装制作之后残留的边角料，也可成为“无设计”理念服装配饰的设计手法。例如，将剩余的服装边角料结合传统拼布手工艺进行配饰围巾、包、帽子等的制作，这样的方式不仅可以充分利用将面料，符合“无设计”理念简朴务实、绿色环保的观点，而且使服装与配饰整体的氛围更加和谐融洽，韵味风格更加明朗浓郁。

不论未来“无设计”理念服装设计以怎样的形式适应或融入当下的

服饰文化及服装消费市场，都要时刻牢记其设计背后的本质及意义，莫让设计流于表象。只有在不断壮大与丰富其文化内涵、艺术特色的道路上，未来“无设计”理念服装设计才能拥有更加明朗且长久的发展空间与应用前景。

参考文献

[1] 黄嘉，向书沁，欧阳宇辰 . 服装设计 [M]. 北京：中国纺织出版社，2020.

[2] 苏永刚 . 服装设计 [M]. 北京：中国纺织出版社有限公司，2019.

[3] 麦凯维，玛斯罗 . 时装设计：过程、创新与实践 [M]. 郭平健，武力宏，况灿，译 . 北京：中国纺织出版社，2005.

[4] 罗旻，张秋山 . 服装创意 [M]. 武汉：湖北美术出版社，2006.

[5] 阿黛尔 . 时装设计元素：面料与设计 [M]. 北京：中国纺织出版社，2010.

[6] 卞向阳 . 服装艺术判断 [M]. 上海：东华大学出版社，2006.

[7] 袁燕，刘驰 . 时装设计元素 [M]. 北京：中国纺织出版社，2007.

[8] 陈莹 . 服装设计师手册 [M]. 北京：中国纺织出版社，2008.

[9] 邹游 . 职业装设计 [M]. 北京：中国纺织出版社，2007.

[10] 张辛可 . 职业装设计 [M]. 石家庄：河北美术出版社，2005.

[11] 刘晓刚 . 专项服装设计 [M]. 上海：东华大学出版社，2008.

[12] 宋晓霞 . 针织服装设计 [M]. 北京：中国纺织出版社，2006.

[13] 张晓黎 . 服装设计创新与实践 [M]. 成都：四川大学出版社，2006.

[14] 邓玉萍 . 服装设计中的面料再造 [M]. 南宁：广西美术出版社，2006.

[15] 梁惠娥，张红宇，王鸿博 . 服装面料艺术再造 [M]. 北京：中国纺织出版社，2008.

[16] 王庆珍 . 纺织品设计的面料再造 [M]. 重庆： 西南大学出版社，2017.

[17] 赖涛 . 服装设计基础 [M]. 北京：高等教育出版社，2005.

[18] 黄嘉 . 创意服装设计 [M]. 重庆：西南大学出版社，2009.

[19] 王晓梅 . 婚纱服装配饰 [J] 四川丝绸 . 2011（2）：15.

[20] 涂丹丹，杨俊，席向荣 . 面料再造在服装设计中的运用研究 [J]. 艺术与设计（理论），2009（9）：296–297.

[21] 付丽娜 . 面料再造的创意手法及在服装设计中的应用 [J]. 河北纺织，2010（1）：50–55.

[22] 胡兰 . 面料的技术，服装的艺术——面料再造在服装领域的可行性探究 [J]. 大家，2010（15）：77–78.

[23] 韩云霞 . 面料再造在服装设计中的研究应用 [J]. 滨州职业学院学报，2007（4）：77–80.

[24] 魏迎凯，乔梅月 . 服装设计中的面料再造研究 [J]. 广西轻工业，2008,24（5）：86–87.

[25] 徐纯 . 浅析动漫造型中的服饰语言 [J]. 科教文汇，2010（1）：149,173.

[26] 吉萍 . 服装设计教学中创新性思维的培养探究 [J]. 新课程研究，2010（5）：165–167.

[27] 柏昕 . 服装设计教学中审美思维能力的培养 [J]. 白城师范学院学报，2003（4）：21.

[28] 瑞金·赫尔曼，小川 . 冬季婚纱服装配饰趋势 [J]. 纺织服装周刊，2010（43）：13.